Linnartz • Die botanische Exkursion

W0175755

Sven Linnartz

Die botanische Exkursion

Schritt für Schritt
zum eigenen Herbarium

Quelle & Meyer Verlag • Wiebelsheim

Bibliografische Information Der Deutschen Bibliothek
Die Deutsche Bibliothek verzeichnet diese Publikation in der Deutschen
Nationalbibliografie; detaillierte bibliografische Angaben sind im Internet
über http://dnb.ddb.de abrufbar.

2. Auflage 2007
© 2004, 2007 by Govi Verlag Pharmazeutischer Verlag, Eschborn
Lizenzausgabe für den Quelle & Meyer Verlag GmbH & Co., Wiebelsheim

Das Werk einschließlich aller seiner Teile ist urheberechtlich geschützt.
Jede Verwertung außerhalb der engen Grenzen des Urheberrechtsgesetzes
ist ohne Zustimmung des Verlages unzulässig und strafbar. Dies gilt insbe-
sondere für Vervielfältigungen auf fotomechanische Wege (Fotokopie/Mi-
krokopie), Übersetzungen, Mikroverfilmungen sowie die Einspeicherung
und Verarbeitung in elektronischen und digitalen Systemen (CD-ROM,
DVD, Internet etc.).

Umschlagfotos: H. Baumann, Ludwigsburg, R. Lüder, Neustadt, Werksied-
lung St. Christoph, Kandern
Druck und Verarbeitung: Fuck Druck & Verlag, Koblenz
Printed in Germany/Imprimé en Allemagne

ISBN: 978-3-494-01433-3

Inhalt

Vorwort

Für die botanische Ausbildung ist das Anlegen eines Herbariums hervorragend geeignet, fördert doch das Bestimmen, das Sammeln, das Pressen und das Aufkleben (Montieren) der Pflanzen die aufmerksame Betrachtung und das Kennenlernen der Gewächse wesentlich.

Botanische Exkursionen und das Pflanzensammeln sind trotz Gentechnik und Molekularbiologie noch heute Bestandteil vieler naturwissenschaftlicher Ausbildungs- und Studiengänge wie Pharmazie, Biologie oder Land- und Forstwirtschaft. Auch an Gymnasien oder PTA-Schulen werden mitunter Herbarien angelegt. Jedoch sind die auf gut Glück gemachten ersten Versuche beim Sammeln, Bestimmen und Trocknen der Pflanzen nicht selten enttäuschend. Verschimmeln die bei stundenlangen Exkursionen gefundenen und bestimmten Stücke schließlich durch unsachgemäßes Präparieren und Pressen, ist die Frustration groß.

Das vorliegende Buch hilft, botanische Exkursionen zu planen, beim Sammeln systematisch vorzugehen, gutes Pflanzenmaterial zu finden, in möglichst unbeschadetem Zustand nach Hause zu bringen und dort so zu trocknen, dass die Charakteristik der Pflanze erhalten bleibt. Vielleicht wird aus der Pflicht eine Kür, und das Sammeln der Pflanzen wird zu einem lebenslangen Hobby.

Die vorliegende Auflage wurde von Studiendirektor Kurt Baumann inhaltlich überarbeitet und ergänzt.

Köln und Frankfurt, im Dezember 2006   *Apotheker Sven Linnartz*
Kurt Baumann

Allgemeiner Teil

Die Vorbereitung

Bevor man mit dem Pflanzensammeln beginnt, ist es sinnvoll, sich gründlich vorzubereiten, um sich das spätere Arbeiten zu erleichtern und möglichst wenig Rückschläge zu erfahren.

Das Pflanzenbestimmen

Wer ein Herbar anlegen soll oder will, kommt nicht um das Bestimmen der Pflanze herum. Es ist notwendig genau festzustellen, um welche Pflanze es sich handelt. Viele der angebotenen handlichen Büchlein, die oft Zeichnungen oder Fotos enthalten, erfassen nur einen Bruchteil der über 4100 Arten und Unterarten umfassenden heimischen Flora. Hinweise auf Unterscheidungsmerkmale zu nah verwandten oder ähnlich aussehenden Arten fehlen meist gänzlich. Die Bücher sind für das exakte Bestimmen nicht geeignet, allenfalls für einen groben Einstieg.

Für die korrekte Bestimmung benötigt man eine so genannte »Flora«, ein Bestimmungsbuch, in dem die in Deutschland wachsenden Pflanzen aufgeschlüsselt sind. Dafür bieten sich wahlweise zwei Werke an:

- *Schmeil/Fitschen*: Flora von Deutschland
  Quelle&Meyer
- *Rothmaler*: Exkursionsflora von Deutschland
  (Grundband = Band 2)
  Elsevier-Spektrum der Wissenschaften

Um sicher zu sein, die Pflanzen gemäß der aktuellen wissenschaftlichen Namensgebung und Familieneinteilung zu bestimmen, sollte immer mit der neuesten Auflage gearbeitet werden. Der *Schmeil/Fitschen* hat den Vorteil, dass er auch angrenzende

Gebiete umfasst wie u. a. die ehemaligen deutschen Gebiete im Osten und Teile von Österreich, was im Urlaub von Nutzen ist. Er enthält auch bereits die neue Familiengliederung nach den Ergebnissen der molekulargenetischen Forschung. Hat man die Absicht, sich intensiver mit der Pflanzenwelt zu befassen, so empfiehlt sich die Anschaffung des so genannten kritischen Bandes (Band 4) von *Rothmalers Exkursionsflora*, der auch die Aggregate (Sammelarten) wie Frauenmantel, Brombeeren, Löwenzahn, Habichtskraut aufschlüsselt oder *Oberdorfers Pflanzensoziologische Exkursionsflora* mit soziologischem Aspekt.

Der Umgang mit Bestimmungsbüchern ist für einen Anfänger nicht einfach. Man muss sich mit den Fachausdrücken und den Abkürzungen jedes Buches vertraut machen. Eine Einführung und Hilfe beim Bestimmen gibt das an den *Schmeil/Fitschen* angelehnte Buch *Lüder – Grundkurs Pflanzenbestimmung*. Für den Anfang ist es von großem Vorteil, wenn man erste Exkursionen mit einem Pflanzenkenner macht, der dem Neuling sagen kann, um welche Pflanze es sich handelt. Diese Festlegung kann man dann zu Hause mit dem Bestimmungsbuch und der Pflanze in aller Ruhe nachvollziehen und sich dabei im Gebrauch des Buches üben. Aber auch ohne Hilfe kann man üben, wenn man sich allgemein bekannte, weit verbreitete, nicht naturgeschützte Arten (z. B. Gänseblümchen, Hahnenfuß o. Ä.) aussucht, sammelt und zu Hause nachbestimmt. Die Richtigkeit der Bestimmung kann man dann mit einem Bildband überprüfen, mit Vorbehalt mit den anfangs erwähnten kleinen Bildbänden. Alle einheimischen Pflanzen enthalten die fünf Bände des *Aichele/Schwegler – Die Blütenpflanzen Mitteleuropas* (Zeichnungen) und *Haeupler/Muer – Bildatlas der Farn- und Blütenpflanzen Deutschlands* (Fotos). Beide Werke sind fürs Gelände nicht geeignet. Glaubt man, den Pflanzennamen zu kennen, können auch Abbildungen im Internet herangezogen werden. Elektronische Bestimmungsprogramme sind jedoch noch nicht ausgereift. Als Bildband für Exkursionen empfiehlt sich der Band 3 (Atlasband) von *Rothmalers Exkursi-*

onsflora. Er enthält zwar nur Schwarzweiß-Zeichnungen, aber von allen einheimischen Pflanzen Detailzeichnungen und Hinweisen auf wichtige Bestimmungsmerkmale.

Empfehlenswert ist, die Bücher in gut sortierten Buchhandlungen oder Bibliotheken miteinander zu vergleichen, bevor man sich für eines entscheidet. Den richtigen Eindruck erhält man nur, wenn man das Buch in der Hand hält und blättern kann.

Nicht zum Bestimmen geeignet, aber vorzüglich die Biologie vieler einheimischer Pflanzen zusammengetragen, sowohl im Gelände zu benutzen als auch zum Nachlesen zu Hause, das findet man in *Düll/Kutzelnigg – Taschenlexikon der Pflanzen Deutschlands*.

Die Ausrüstung

Einige Utensilien sind bei einer Pflanzenexkursion unentbehrlich.

Dazu gehören:
- eine Haushaltsdose (mindestens 30 cm lang, 10 cm breit, ca. 10 cm tief) oder eine stabile Plastiktüte, ca. 40 cm breit und 45 cm hoch,
- einige angefeuchtete Küchen- oder Papiertaschentücher,
- ein scharfes Taschenmesser o. Ä. (einklappbar),
- festes Schuhwerk, u. U. Gummistiefel,
- wetterfeste Kleidung, bei Sonne Kopfbedeckung,
- eine Einschlaglupe mit mindestens 10facher Vergrößerung
- ein Bestimmungsbuch (in einer Schutzhülle),
- eine Landkarte (Messtischblatt 1 : 25 000)

Die Haushaltsdose bzw. die Plastiktüte dient der Aufbewahrung der gesammelten Pflanzen. Je nachdem, mit welchem Fortbewegungsmittel man unterwegs ist, empfiehlt sich die eine oder andere Aufbewahrungsart. Bei einer Exkursion mit dem Fahrrad ist eine

Dose praktisch, die sich auf dem Gepäckträger festklemmen lässt. Die Dose sollte nicht verschlossen werden, da sich die Blüten bei Dunkelheit sehr schnell schließen und ein späteres Pressen dadurch erschwert wird. Bei einem Spaziergang kann eine Plastiktüte zum Transportieren des gesammelten Materials praktischer sein. Am besten ist es, beide Möglichkeiten auszuprobieren und die angenehmere zu wählen.

Die Frage, wie viele Pflanzen gesammelt werden sollen, hängt von verschiedenen Faktoren ab. Unbedingt zu vermeiden ist die Anhäufung eines undurchdringlichen Wirrwarrs von Blättern und Blüten. Der/die Sammelnde muss alle Pflanzen noch unterscheiden können; auch spielt das Erinnerungsvermögen des Einzelnen eine Rolle. Zu Beginn ist das Sammeln von nur wenigen Pflanzen, höchstens einem Dutzend, völlig ausreichend. Viel wichtiger ist es, die Pflanzen möglichst unbeschädigt nach Hause zu bringen, vielleicht schon bestimmt.

Die angefeuchteten Küchentücher helfen, die Pflanzen vor einem vorzeitigen Austrocknen zu schützen und dem damit einhergehenden Schließen der Blüten entgegenzuwirken. Die Feuchthaltemittel sind bei warmem und heißem Wetter mit der entsprechenden Sonnenintensität unbedingt erforderlich, sind aber auch bei gemäßigten Witterungsbedingungen oder nur kurzen Ausflügen angebracht, wenn man empfindliche Pflanzen, z. B. Springkraut (*Impatiens*) oder Hexenkraut (*Circaea*), sammelt. Sie können nie schaden. Es ist auch hilfreich, die Plastiktüte vor der Exkursion auszuspülen, sodass sie im Innern feucht ist. In jedem Fall sollte der Boden des Behältnisses ausgekleidet werden. Auch die Stängel der Pflanzen sind in regelmäßigen Abständen frisch zu umwickeln. Die Haushaltstücher sollten wirklich nur feucht und nicht nass sein. Zu viel Nässe kann bei einem späteren Pressen und damit Trocknen der Pflanze hinderlich sein.

Um die Pflanzen sauber abschneiden zu können, ist ein scharfes Messer mit glatter Klinge äußerst hilfreich. Das Messer sollte einklappbar sein, um Unfälle beim Stürzen oder Hineingreifen in die Aufbewahrungstasche zu vermeiden. Die so genannten Unkräuter sollten nicht mit der Wurzel einfach ausgerissen werden, sondern nah am Pflanzengrund geschnitten werden, sodass alle Grundblätter, die z. T. unter der Erde entspringen, mitgesammelt werden. Sie müssen aber noch am Stängel sitzen, lose Blätter sind unbrauchbar, u. a. beim Goldschopf-Hahnenfuß (*Ranunculus auricomus*) kommt es auf die Reihenfolge der Grundblätter an. Nur so ist bei Mehrjährigen ein erneutes Blühen im nächsten Jahr möglich. Für wissenschaftliche Sammlungen – eigentlich sollte jedes Herbar eines sein oder am Ende in einem großen wissenschaftlich genutzten Herbar landen – aber auch bei verschiedenen Gruppen ist es unbedingt notwendig, die Wurzel oder den Wurzelstock mitzusammeln, da sonst keine Bestimmung möglich ist, z. B. Baldrian (*Valeriana*), Süß- und Sauergräser. Bei sehr großen Pflanzen, vor allem bei den Doldengewächsen (*Apiaceae*), ist ein sauberer Schnitt an einer exemplarischen Stelle an der Sprossachse ratsam, da dieser zum späteren Wiedererkennen der Pflanze im fertig hergestellten Herbarium vollkommen ausreichend ist und die Wurzel in den meisten Fällen zur Bestimmung anhand eines Buches oder einer Zeichnung ohnehin nicht beiträgt. Aber gerade bei Doldenblütlern ist die Mitnahme eines Grundblattes angebracht. Sind die krautigen Pflanzen zu groß, knickt man sie vorsichtig zu einem V oder einem Z (je nach Herbarbogengröße) oder teilt sie mit dem scharfen Messer, dass man sie auf mehreren Bogen montieren kann. Das Messer ist auch bei geringem Ungezieferbefall nützlich, um etwas hartnäckigere Insekten von Blüte oder Stängel zu vertreiben.

Bei jeder Exkursion sind wetterfeste Kleidung und vor allem festes Schuhwerk unerlässlich, denn die Exkursionen können auch in unwegsame Gelände führen. Sollten die Wetterbedingungen ungewiss sein, gehört eine Regenjacke unbedingt mit zur Ausstattung. Da nach Regen Pflanzen nass sind (Wiesen z. B.), empfehlen sich Gummistiefel, die man natürlich sowieso trägt, wenn man beabsichtigt, in feuchtes, anmooriges Gelände zu gehen oder am Wasser (fließend oder stehend) botanisiert.

Für Empfindliche sind gut sitzende Handschuhe angebracht. Es gibt Pflanzen mit Brennhaaren (Brennnessel – *Urtica*), mit Stacheln (Rosen, Brombeeren), mit Stoffen, die lichtempfindliche Reaktionen auslösen (Bärenklau – *Heracleum*) oder mit Allergien auslösendem Potenzial (*Ambrosia*).

Eine Exkursion sollte nicht zu lange dauern, damit sich die Blüten nicht schon während des Ausflugs wieder schließen. Dem Blick auf die Uhr kann man jedoch nicht allein vertrauen. Die regelmäßige Kontrolle des gesammelten Materials ist unerlässlich und meist sinnvoller, als eine strikte Zeitvorgabe einzuhalten. Mit ein bisschen Übung und Erfahrung lässt sich der Zeitpunkt zum rechtzeitigen Umkehren in Richtung Pflanzenpresse leicht bestimmen. Seien Sie nicht enttäuscht, wenn die eine oder andere Blüte entweder abgefallen ist oder sich geschlossen hat. Es ist sinnvoll, zwei oder drei Exemplare zu sammeln, von denen im Herbar eine Blüte zum Öffnen zu entnehmen ist.

Die Lupe (mindestens 10-fache Vergrößerung) dient zum Erkennen der in den Bestimmungsbüchern aufgeführten Merkmale. Da diese zum Teil sehr klein sein können, ist die Lupe eine unersetzliche Hilfe, um die spezifischen Eigenheiten einer Art eindeutig zu erkennen. Vor allem bei Süß- und Sauergräsern, bei Früchten (z. B. Rapunzel – *Valerianella*) oder Haaren (z. B. Storchschnabel – *Geranium*) ermöglicht erst eine Lupe das Bestimmen. Da die Ährchen der Gräser auseinandergenommen (präpariert) werden müssen, kann das nicht sinnvoll im Gelände gemacht werden. Zu Hause kann man es in Ruhe mit einer Präpariernadel (notfalls einer kräftigen Stopfnadel) und einer spitzen Pinzette durchführen. Besonders günstig ist es, wenn man die Möglichkeit hat, sie unter einem Binokular (möglichst ohne Objekttisch) zu bestimmen.

Beispiele für Bestimmungsbücher wurden bereits im Kapitel »Die Vorbereitung« genannt. Das mitgeführte Buch sollte, wenn dies nicht schon der Fall ist, in eine Schutzhülle aus Plastik oder einem anderen wasserabweisenden Material gewickelt bzw. damit überzogen werden. Es empfiehlt sich, das Buch mit seinem Namen zu kennzeichnen, da bei Exkursionen in Gruppen die Bücher leicht vertauscht werden können.

Unbedingt wichtig ist, die genaue Lage der Fundorte festzuhalten, z. B. mit Hilfe einer Landkarte oder eines GPS-Gerätes. Am besten eignen sich Messtischblätter des Maßstabes 1 : 25 000, abgekürzt TK 25. Sie besitzen ein Gitternetz, mit dem jeder einzelne Geländepunkt festzulegen ist. Fortgeschrittene, die sich mit speziellen Gruppen beschäftigen wie Brombeeren oder Rosen, benötigen für die Exkursion eine scharfe Gartenschere, die aber auch beim Abtrennen von holzigen Zweigen nützlich ist. Für Pflanzen mit unterirdischen Ausläufern braucht man eine kleine Schaufel.

Damit sind nun die wichtigsten Utensilien beisammen und die Exkursion kann beginnen.

Planung einer Exkursion

Für den Pflanzensammler, der sich die ersten Male auf den Weg macht, heißt es zuallererst die Natur entdecken lernen, auch in Abhängigkeit von den Wetterverhältnissen.

Sammeln Sie nicht wahllos vom ersten Augenblick an alles Blühende am Wegrand ein. Lernen Sie Ihre Umgebung entdecken, betrachten Sie eingehend die landschaftlichen Gegebenheiten. Neben den gut sichtbaren Pflanzen sind immer auch kleine und unscheinbare Exemplare zu finden. Schließen Sie sich für eine Pflanzenexkursion zu mehreren zusammen, denn viele Augenpaare sehen mehr als eins und können gemeinsam die Bestimmungen leichter durchführen und Pflanzen entdecken. Bedenken Sie bei Unternehmungen in Gruppen jedoch eines: Hinterlassen Sie keine gerodete Schneise! Eine Art wächst in unmittelbarer Nähe sicher noch häufiger. Ebenso problematisch ist das Niedertrampeln der Pflanzen, wenn mehrere z. B. durch eine Wiese streifen.

Günstig ist es, wenn man sich als Anfänger einer Pflanzen gewidmeten Exkursion eines naturwissenschaftlichen Vereins, einer botanischen Vereinigung oder einer Volkshochschule (hier geht es meistens um Heilkräuter oder Wildgemüse) anschließt. Hierbei lernt man die Pflanzen kennen, die man dann, wenn man allein oder in kleiner Gruppe kurze Zeit danach die Exkursionsroute wiederholt, sauber sammeln und gut herbarisierbar nach Hause bringen kann. Eine kleine Anzahl Pflanzen kann man auch schon während der Exkursion sammeln, aber meist ist nicht genügend Zeit, sie sorgfältig zu präparieren, etwa feucht einzuschlagen.

Wenn möglich, führen Sie als Erstes immer die Bestimmung der Pflanze durch und ernten Sie diese erst, nachdem ein eindeutiges Ergebnis feststeht. Jedoch erfordert das Bestimmen viel Zeit und die Vorgehensweise ist, wenn überhaupt, nur bei größeren Exemplaren sinnvoll. Eine kleine Miere oder ein kleines Schaumkraut bzw. andere einjährige Pflanzen reißt man aus, man kann sich ja schlecht auf den Boden legen, um die Pflanzen zu bestimmen. Einjährige Pflanzen treiben im nächsten Jahr nicht wieder aus, sie vermehren sich nur über Samen. Sammeln Sie immer ein oder zwei Exemplare mehr als notwendig. Erhalten Sie bei allen Ihren Pflanzen gute Objekte, können Sie Kommilitonen unterstützen, die weniger Erfolg haben. Als Anfänger empfiehlt es sich, auf dem Hinweg die Pflanzen zu bestimmen und erst auf dem Rückweg zu sammeln. Damit ist die Wahrscheinlichkeit geringer, dass sich die Blüten noch während des Ausflugs schließen. Auch so kann man weder verhindern, dass sich Blüten schließen noch dass sie abfallen, wie es leicht bei Ehrenpreis (*Veronica* – im Volksmund deshalb Männertreu genannt), Storchschnabel (*Geranium*) u. a. m. erfolgt. Auch deshalb sollte man mehrere Pflanzen sammeln, damit man notfalls zu Hause Blüten zum Präparieren entnehmen kann.

18

Der richtige Zeitpunkt

Der Sammelzeitpunkt sollte so gewählt werden, dass die Pflanzen auf keinen Fall zu nass sind. Das ist nach zwei Tagen trockener Witterung der Fall, im Sommer nach nur einem Tag.

Erfahrungsgemäß fordern die bei feuchteren Bedingungen gesammelten Pflanzen wesentlich mehr Übung und Aufmerksamkeit beim späteren Pressen als die bei trockenem Wetter gepflückten Exemplare. Andererseits welken bei trockenem Wetter einige Pflanzen sehr rasch, sodass ein sauberes Legen beim Pressen nicht mehr möglich ist. Auch wenn in unseren Breitengraden das Wetter häufig unbeständig ist, sollte man sich grundsätzlich angewöhnen, nicht unmittelbar nach einem Regenschauer hinauszugehen, sondern einige Stunden abzuwarten. Doch auch das andere Extrem, also starkes Sonnenlicht und Hitze, kann einer erfolgreichen Exkursion im Wege stehen. Manche Pflanzen öffnen oder schließen ihre Blüten zu einer bestimmten Uhrzeit z. B. Wiesenbocksbart (*Tragopogon*), Froschlöffel (*Alisma*) oder Nachtkerze (*Oenothera*) u. a. m. Linné konstruierte aus solchen Pflanzen eine Uhr zum ungefähren Bestimmen der Tageszeit. Ein sehr anschauliches, aber auch sehr frustrierendes Beispiel ist die Gemeine Wegwarte (*Cichorium intybus*). Diese Pflanze schließt ihre Blüten, die nur an einem Tag geöffnet sind, bei sehr guter Witterung mitunter schon zwischen 10 und 11 Uhr. Eine gezielte Suche nach dieser Pflanze am Mittag oder Nachmittag ist so zum Scheitern verurteilt. Zum Sammeln ergibt sich als bester Zeitpunkt der frühe Vormittag. Der nächtliche Tau ist dann verdunstet und die Sonneneinstrahlung ist noch nicht zu stark, um die Pflanzen zum Schließen ihrer Blüten zu veranlassen. Im Sommer ist das Sammeln am frühen Abend ebenso möglich. Die Blüten sind auch dann geöffnet, und es ist schon ein wenig abgekühlt nach der mittags herrschenden starken Sonneneinstrahlung.

Die Fundstellen

Die Frage nach dem günstigsten Ort, Herbarmaterial zu suchen und zu entdecken, lässt sich nicht eindeutig beantworten. Pflanzen lassen sich fast überall finden, sei es nun am Feld- oder Wegrand, am Ufer, ja sogar in den Bordsteinritzen viel befahrener Straßen. Jahreszeitlich bedingt findet man in einem speziellen Gebiet eine reichere Flora als an anderen Orten. Es kommt darauf an, was man suchen soll oder finden will. Geht es z. B. darum, ein Herbar von Heilpflanzen anzulegen, kann man in einem Heilpflanzenbuch sowohl Abbildungen finden – damit man weiß, wie die gesuchte Pflanze aussieht – als auch allgemeine Angaben, wo eine solche Pflanze zu finden ist.

Bildbände geben häufig an, in welchen Pflanzengesellschaften die gesuchten Pflanzen vorkommen. Ein Studium der Landkarte hilft, geeignete Lokalitäten zu finden. Will man z. B. *Caltha palustris* finden, hat es wenig Sinn, sie an Waldwegen im Fichtenforst (Nadelwaldsignatur auf der Karte) zu suchen. Sind aber in dem Wald nasse Stellen (sumpfig, Gummistiefel anziehen!) oder eine feuchte Waldwiese angegeben, eine Quelle mit einem Bachlauf, dann lohnt es dort die Sumpfdotterblume zu suchen – es gibt aber keine Garantie, dass sie an der betreffenden Stelle wächst.

Au- und Laubwälder sind im Frühjahr (März bis Mai) ein sehr lohnendes Exkursionsziel. Eine dichte Laubdecke der Bäume ist noch nicht vorhanden, sodass das Sonnenlicht fast ungehindert auf den Boden trifft und die Ausbildung einer vielfältigen Vegetation ermöglicht. So findet man im Frühling Vertreter der verschiedensten Familien, die zu späteren Jahreszeiten nur schwerlich und mit sehr großer Mühe zu entdecken sind, beispielsweise:

- Buschwindröschen – *Anemone nemorosa, Ranunculaceae,*
- Hohler und Gefingerter Lerchensporn - *Corydalis cava* und *Corydalis solida, Fumariaceae*

- Echtes Lungenkraut – *Pulmonaria officinalis, Boraginaceae*,
- Bärlauch – *Allium ursinum, Alliaceae*

Im weiteren Verlauf des Jahres ist der Auwald aufgrund des dichten Laubkleides der Bäume nur ein mäßiger Fundort, und man muss mitunter lange suchen, um neue Exemplare zu entdecken. Waldlichtungen versprechen hier schon mehr Erfolg. Sie sollten es sich also auch im Sommer zur Gewohnheit machen, in regelmäßigen Abständen in den Wald zu gehen, besonders an breiten, lichtdurchfluteten Schneisen ist mit krautiger Vegetation und Sträuchern im Unterholz zu rechnen, ebenso wie an den Waldsäumen.

Weg- und Feldränder bieten prinzipiell zu jeder Jahreszeit ein reiches Angebot an den verschiedensten Arten und Familien. Vor allem an und auf wenig oder nicht gespritzten Feldern findet man häufig Vertreter der Familien *Lamiaceae* (Weiße Taubnessel, *Lamium album*), *Fabaceae* (verschiedene Klee-Arten, *Trifolium*), *Brassicaceae* (Ackerhellerkraut, *Thlaspi arvense*), *Asteraceae* (Echte Kamille, *Matricaria chamomilla*) und *Rosaceae* (Kriechendes Fingerkraut, *Potentilla reptans*). Ein kurzer Ausflug zu den Äckern und Feldern der näheren Umgebung kann sehr befriedigende Ergebnisse liefern.

Eine wahre Schatztruhe sind brachliegende Äcker und Felder. Neben den dort im Vorjahr angebauten und nun verstreut nochmals blühenden Nutzpflanzen bietet dieser Lebensraum verschiedenen Familien ein Verbreitungsgebiet. Manche tragen sogar dazu bei, die Qualität des Bodens wiederherzustellen und somit einen Nutzpflanzenanbau im folgenden Jahr zu ermöglichen. Süßgrasgewächse (*Poaceae*), Wolfsmilchgewächse (*Euphorbiaceae*) sowie Kreuzblütler und Knöterichgewächse (*Brassicaceae* bzw. *Polygonaceae*) und Korbblütengewächse (*Asteraceae*) sind auf Acker und Feld leicht anzutreffen. Leider sind die typischen Ackerkräuter wie Kornblume (*Centaurea cyanus*) und Klatsch-

mohn (*Papaver rhoeas*) durch den Gebrauch von Herbiziden stark
zurückgedrängt worden. Typische Feld- und Ackerkräuter sind:

- Purpurne Taubnessel – *Lamium purpureum, Lamiaceae,*
- Acker-Senf – *Sinapis arvensis, Brassicaceae,*
- Vogel-Knöterich – *Polygonum aviculare, Polygonaceae,*
- Einjähriges Bingelkraut – *Mercurialis annua, Euphorbiaceae,*
- Gewöhnliches Hirtentäschel – *Capsella bursa-pastoris,*
  Brassicaceae

Aufgrund des starken menschlichen Einflusses auf einer Baustelle,
einem Schuttplatz oder einem Bahndamm erwartet man dort kaum
eine reichhaltige Vegetation. Doch das genaue Gegenteil ist der
Fall. Vor allem auf Schuttplätzen werden Sie die verschiedensten
Familien, wie z. B. *Asteraceae* (Kanadische Goldrute, *Solidago
canadensis*), *Apiaceae* (Wilde Möhre, *Daucus carota*) und *Chenopodiaceae* (Weißer Gänsefuß, *Chenopodium album*) entdecken.
Das ganze Jahr hindurch finden Sie so fast die Gesamtheit der in
unseren Breitengraden vorkommenden Familien. Es sei jedoch
darauf hingewiesen, die nötige Vorsicht walten zu lassen. Häufig
sind Baustellen und Bahndämme mit den entsprechenden Verbots-
schildern versehen, die unbedingt beachtet werden sollten. Um
dennoch an die begehrten Objekte zu gelangen, empfiehlt sich eine
Suche in der unmittelbaren Umgebung. Meist findet sich eine
weitere Population in der Nähe ohne entsprechende Hindernisse.

Wohnen Sie in der Nähe eines Flusses oder Baches, sollten Sie
diese als Ziele Ihrer Exkursion ins Auge fassen. Obwohl viele
Wasserpflanzen unter Naturschutz gestellt sind, ergeben sich
besonders an Uferrändern viele Möglichkeiten, neue Gewächse zu
entdecken. An feuchten Stellen wachsen z. B. Blutweiderich
(*Lythrum salicaria, Lythraceae*), Mädesüß (*Filipendula ulmaria,
Rosaceae*) u. a. m. Ähnlich verhalten sich auch die Küstenregio-
nen, die sich durch eine Vielfalt an *Poaceae* auszeichnen.

Der eigene Garten kann ebenfalls als Ausflugsziel angesehen
werden, da sich auf Wiesen und in Beeten das wenig beliebte

Unkraut ansiedelt, welches wir hier lieber als unerwünschte Wildkräuter bezeichnen wollen. Es gibt wohl kaum einen Garten, in dem sich nicht die eine oder andere Brennnessel ansiedelt, keine Wiese, auf der im Frühling und Herbst Löwenzahn wächst oder das ubiquitär vorkommende Gänseblümchen zu sehen ist. Scheuen Sie sich also nicht, Gärten von Verwandten oder Bekannten zu besuchen – sie werden für das Rupfen des »Unkrauts« dankbar sein. Versichern Sie sich jedoch zuvor, ob Sie die Pflanzen wirklich sammeln dürfen! Schon bald werden Sie den für Ihre Arbeit notwendigen Reichtum des Gartens zu schätzen wissen. Selbst ein kleiner Zweig mit Blüten und einigen Blättern eines Apfel- oder anderen Obstbaums eignet sich zum Sammeln und Trocknen. Ein weiterer Vorteil, der sich in erster Linie bei angepflanzten Gewächsen ergibt, ist, dass der Name und die Familie bekannt sind bzw. auf der Packung des Saatgutes stehen – jedoch ist der dort angegebene Name nicht immer botanisch korrekt.

Auch Wiesen sind voller blühender Pflanzen, nicht nur die zahlreichen Süßgräser (*Poaceae*). Im April/Mai sind sie unter Umständen voller Löwenzahn (*Taraxacum officinale*, ein außerordentlich schwer bestimmbares Aggregat von sich selbst vermehrenden – klonenden – Kleinarten, die der Anfänger nur unter dem Sammelnamen des Aggregats aufführen sollte). Später wächst an diesen Stellen der Scharfe Hahnenfuß (*Ranunculus acris*), bei dem Sie, sollten Sie in Süddeutschland leben, den Wurzelstock zur Bestimmung der Unterart benötigen.

Bergregionen, wie z. B. die Alpen, verhalten sich in ihrem Familienbestand wie eine Zusammenfassung der anderen Fundorte. Man findet so gut wie alle Familien, ist mitunter jedoch an strenge Naturschutzbestimmungen gebunden, auf die später noch etwas näher eingegangen werden soll.

Wie Sie sehen, ist es kein Problem, bei einem Spaziergang oder einer Fahrradtour an den unterschiedlichsten Standorten vorbeizukommen und den verschiedenartigsten Familien zu begegnen. Die Mühe lohnt, auch andersartige Standorte aufzusuchen, die in der

Bodenbeschaffenheit und damit auch in ihrem Nährstoffangebot abweichen, um die Mannigfaltigkeit des Pflanzenangebotes zu entdecken.

Die Auswahl der Pflanzen

Ein Herbarium zeigt einen Ausschnitt der zur Verfügung stehenden Flora. An den meisten Universitäten und Ausbildungsstätten werden konkrete Anforderungen an ein Herbarium gestellt, die bei der Auswahl der Pflanzen zu berücksichtigen sind. Lesen Sie die Liste der obligaten Familien oder Pflanzen aufmerksam durch. Nehmen Sie eines der erwähnten Bestimmungsbücher und einen der Bildbände zur Hand, betrachten Sie die Pflanzen und prägen Sie sich die typischen Familienmerkmale ein, etwa Dichasium bei *Caryophyllaceae* oder kreuzgegenständige Blätter bei *Lamiaceae*. Erst dann sollten Sie sich auf eine Exkursion begeben. So fällt es Ihnen leichter, nicht einfach wahllos Blumen zu bestimmen, sondern gezielt in erster Linie die Pflanzen zu suchen, die für Ihre Arbeit am wichtigsten sind. Mit ein bisschen Übung erkennen Sie direkt, ob Sie eine *Asteraceae, Apiaceae* oder *Fabaceae* vor sich haben. Betrachten Sie eingehend die Einzelheiten der Gewächse und bestimmen danach Ihr Objekt nach den offensichtlichen Merkmalen.

Bedenken Sie, dass sich die Pflanze in ihrer Gesamtheit vor Ihnen befindet und nicht nur ein kleiner Teil, wie dies in manchen Bestimmungsstunden im Praktikum der Fall sein kann. Sie können den Standort eindeutig bestimmen und Auskunft darüber geben, ob es sich um einen Busch, einen Strauch oder um eine »frei stehende« einzelne Pflanze handelt. Auch Bäume liefern Herbariummaterial. Bei Bäumen und Sträuchern sollte man darauf achten, möglichst junge Bestandteile zu sammeln, die die Hauptcharakteristik der blühenden Abschnitte gut erkennen lassen. So sind bei den Linden die Blüten mitsamt den größeren Hüllblättern und zusätzlich noch Laubblätter an einem Zweig zu pflücken, damit man die Stellung der Blätter erkennen kann.

Während der Bestimmung sollten Sie unbedingt auf einen möglichen Schädlingsbefall achten! So genanntes Ungeziefer kann, einmal in Ihre Wohnung bzw. in Ihr Herbarmaterial eingeschleppt, verheerende Folgen haben. Deshalb legt man in größeren Herbarien das Sammelgut, bevor es in die Sammlung zur Bearbeitung kommt, in eine Tiefkühltruhe und lässt es mehrere Tage darin. Sofern Sie eine solche Vorrichtung zur Verfügung haben, verhindern Sie damit das Einschleppen von Ungeziefer. Nicht immer ist ein Ungezieferbefall einfach zu erkennen. Angefressene Blätter oder deutliches »buntes« Treiben auf Blüten und Stängeln sind eindeutige Hinweise. Achten Sie unter anderem auf Eier und Larven auf Stängeln und Blattunterseite. Einzelne Individuen lassen sich mit einem mitgeführten Messer auf andere Pflanzen oder den Erdboden vertreiben. Töten Sie Insekten nicht wahllos, da auch sie ihre Aufgabe im Naturhaushalt erfüllen und unter Naturschutz stehen können. Bedenken Sie immer, dass Sie ein Eindringling in einen eigenen Mikrokosmos sind und diesen stören. Die Störung und der Schaden, den Sie durch das Abschneiden einer Pflanze anrichten, sollten auf ein Minimum beschränkt sein.

Naturschutzbestimmungen

Die uns umgebende Natur ist zunehmend einer starken Belastung und Zerstörung ausgesetzt. Aus diesem Grunde wurden Flächen mit seltenen Pflanzen und Tieren unter Naturschutz gestellt. Diese Gebiete sind immer durch Schilder und Hinweise gekennzeichnet, können aber auch bei der örtlichen Verwaltung erfragt werden. Die Grenzen der Naturschutzgebiete sind auch auf den Messtischblättern eingezeichnet und sollten bei der Exkursionsroute berücksichtigt werden. Informieren Sie sich bitte sehr gewissenhaft über die in Ihrer Umgebung geschützten Gebiete, denn es gilt ein absolutes Verbot für das Abschneiden und Sammeln von Pflanzen in dieser Region, mögen sie an einer Stelle auch noch so häufig vorkommen. Bedenken Sie immer, dass Ihre Sammelleidenschaft hier vor dem zu bewahrenden Gebiet und dem Lebewesen zurückstehen muss. Zugleich können Naturschutzbestimmungen für einzelne Pflanzen gelten, auch wenn diese nicht in Schutzgebieten stehen. Deshalb sollte man sich vorab in Bildbänden über das Aussehen naturgeschützter Pflanzen informieren – sie sind oft sehr auffällig – und sie sich einprägen. Dann kommt man nicht in die Verlegenheit, die unbekannte Pflanze zu pflücken, um sie bestimmen zu können.

In der genannten Bestimmungsliteratur finden sich Zeichenhinweise, die Auskunft darüber geben, ob eine Pflanze unter Naturschutz gestellt ist oder nicht. Je nach vorliegendem Buch kann es sich um ein auf den Kopf gestelltes Dreieck oder einen Kreis mit einem »G« in der Mitte handeln. Nähere Erläuterungen geben die Legenden der betreffenden Bücher.

Die Liste der besonders schutzbedürftigen Arten ist in der Bundes-Artenschutzverordnung von 1999 enthalten, die für das gesamte Bundesgebiet gilt. Vergehen gegen diese Verordnung können aufgrund des verschiedenen Länderrechtes unterschiedlich geahndet werden. Der rechtliche Artenschutz ist durch das Bundesnaturschutzgesetz bzw. das Bundes-Artenschutz-Neuregelungsgesetz festgelegt. In § 42 des Bundesnaturschutz-Neuregelungsgesetzes werden Vorkehrungen für »besonders geschützte Tier- und Pflanzenarten« getroffen. So ist in Artikel 1 Abs. 2 erwähnt: »Es ist verboten wild lebende Pflanzen der besonders geschützten Arten oder Teile oder Entwicklungsformen abzuschneiden, abzupflücken, aus- oder abzureißen, auszugraben, zu beschädigen oder zu vernichten.«

In Absatz 4 findet sich auch ein Verbot, die Standorte durch »Aufsuchen, Fotografieren oder Filmen« der Pflanzen zu stören.

Diese Verbote betreffen nicht in Gärtnereien oder wissenschaftlichen Instituten gezüchtete und vermehrte Pflanzen.

Einige allgemein gültige Grundsätze sollten Sie auch in nicht geschützten Gebieten beachten. Pflücken Sie eine Blume nur dann, wenn in unmittelbarer Nähe noch mehrere Exemplare stehen. Auch wenn ein wahres Meer einer Pflanze eine Wiese bevölkert, sollten Sie sich immer auf den eigenen Bedarf beschränken, das heißt nicht mehr als zwei oder drei pro Art. Damit tragen Sie zur gesicherten Fortpflanzung bei. Schneiden Sie die Pflanzen sorgfältig ab und reißen Sie sie nicht mitsamt der Wurzel heraus, um ihnen die Möglichkeit zu geben, in diesem oder dem darauf folgenden Jahr erneut Blüten zu bilden. Pflücken Sie nicht wahllos und vor allem niemals zu viele Pflanzen, besonders dann, wenn sich der Rückweg länger hinzieht. Es ist vollkommen unnötig, gepflückte Pflanzen später einfach wegzuwerfen. Es sei nochmals darauf hingewiesen, bei Exkursionen in größeren Gruppen nicht einen ganzen Abschnitt kahlzuroden oder niederzutrampeln, was eigentlich gegen eine Exkursion in zu großen Gruppen spricht, da beides sich kaum vermeiden lässt. Auch das gewünschte Bestimmen ist in einer solchen Gruppe nicht durchführbar, es sei denn als Lehrveranstaltung. Eine Art findet sich mit großer Wahrscheinlichkeit im Verlaufe des Weges noch mehrmals, sodass jedem die Möglichkeit gegeben wird, ein Exemplar zu finden. Sollten Sie sich bei einer Bestimmung nicht ganz sicher sein, ob es sich um eine geschützte Art handelt, empfiehlt es sich, die Blume noch stehen zu lassen und zu einem späteren Zeitpunkt mit einem etwas erfahreneren Kommilitonen oder Begleiter zurückzukehren.

Leider zeigt die Erfahrung, dass einige Schulen bzw. Aufgabensteller geschützte Pflanzen als Pflichtpflanzen verlangen oder die Pflanzen mit Wurzeln herbarisiert haben wollen. Geschützte Pflanzen haben in Schüler-, Studenten- oder anderen Ausbildungsherbarien nichts zu suchen. Informieren Sie sich über die Ihnen gestellte Aufgabe und kontrollieren Sie die vorliegende Liste. Auch wenn es schwer fällt und Unmut erzeugen kann, weisen Sie den Ausbildenden auf Fehler hin. Manchmal ist es wenig sinnvoll, Pflanzen mit Wurzeln zu sammeln. Mehrjährige können im nächsten Jahr aus den unterirdischen Teilen (Wurzelstock, Knolle, Zwiebel) wieder austreiben. Oft verläuft der Wurzelstock in eine andere Richtung als der Stängel, was ebenso Schwierigkeiten beim Pressen und Aufkleben bereitet, wie der Umstand, dass die unterirdischen Dauerorgane dicker als die oberirdischen Pflanzenteile sind. Bei kleineren Pressen oder zu kleinem Papierformat (DIN A4) bleibt nichts anderes übrig, als die Pflanze zu teilen. Jedoch gibt es durchaus Fälle, in denen die unterirdischen Teile notwendig sind zum Bestimmen, etwa beim Baldrian. Dann muss man auch eine Pflanze von 1 m Höhe sammeln und den Herbarbogen entsprechend einrichten.

Die Einhaltung dieser wenigen Grundsätze trägt maßgeblich zur Erhaltung der Natur bei und gibt in darauf folgenden Jahren anderen botanisch Interessierten die Möglichkeit, auch ein Herbarium anzulegen.

Das Herbarium

Da die Exkursionen mit dem Ziel durchgeführt wurden, Pflanzen zu sammeln, um ein Herbar anzulegen, muss man sich auch bereits vor der Exkursion damit auseinandersetzen, wie man mit den gesammelten Pflanzen verfährt. Die notwendigen Utensilien muss man sich vorher besorgen, damit das Material ordnungsgemäß aufbereitet werden kann. Zur Trocknung, der wichtigen Voraussetzung für das einwandfreie Herbarisieren, können verschiedene Methoden angewandt werden.

Die Büchermethode

Die wohl bekannteste und einfachste Weise Pflanzen zu pressen stellt die Büchermethode dar. Sie benötigen dazu Zeitungs- oder Löschpapier und mehrere, möglichst großformatige (Bildbände) und schwere Bücher. Die Doppelseite einer Zeitung (normale Tages- oder Wochenzeitungen) wird zweimal gefaltet, sodass sie eine Größe von ungefähr 28×40 cm hat. Dies entspricht annähernd dem Format DIN A3 ($29,7 \times 42$), ein Format, in dessen Größenordnung die Herbarbögen der wissenschaftlichen Institute liegen. Das Format DIN A4 ($21 \times 29,7$) ist zu klein, um die meisten Pflanzen darauf zu montieren. Damit sie nicht verrutschen, sollten die Herbarbögen eine einheitliche Größe haben. Das sollte man schon beim Trocknen berücksichtigen. Die Pflanze wird sorgfältig angeordnet in das gefaltete Zeitungs- oder Löschpapier gelegt, denn wenn sie einmal getrocknet ist, lässt sich, ohne dass die Pflanze zerstört wird, an der Anordnung kaum mehr etwas ändern. Dabei sollte man darauf achten, dass Blüten einmal in der Aufsicht von oben und einmal von unten zu sehen sind. Auch die Kelchblätter können beim Bestimmen wichtig sein. Das gleiche gilt für die Blätter, bei denen man versuchen sollte, mindestens ein Blatt von der Unterseite zu zeigen. Bei nicht radiären Blüten, z. B. Schmetterlingsblütler (*Fabaceae*), Lippenblütler (*Lamiaceae*) oder den früheren Rachenblütlern (*Scrophulariaceae*) lässt sich die Blüte nicht in der Aufsicht pressen, hier ist eine seitliche Blütenlage angebracht. Das gilt auch für langröhrige, radiäre Blüten, wie sie bei den Nelkengewächsen (*Caryophyllaceae*) u. a. vorkommen. Wie im speziellen Teil geschildert, ist es in diesen Fällen angebracht, eine Blüte – am besten von einer zweiten Pflanze – seitlich aufzuschlitzen (etwa mit einer Rasierklinge) und ausgebreitet zu pressen und aufzukleben.

Durch natürliche oder transportbedingte Wölbungen und Verformungen kann es zu Schwierigkeiten kommen. Vorsichtiges Glätten mit den Fingern oder einem Messer stellt die ursprüngliche Form der Blätter in der Regel wieder her. Bei während des Pressvorganges geknickten Blättern kann es zu Verfärbungen kommen, die dem natürlichen Erscheinungsbild der Pflanze nicht mehr ähneln. Bei empfindlichen Pflanzen wie Hexenkraut (*Circaea*), Springkraut (*Impatiens*) oder anderen kommt es sehr schnell zum Welken. Dann ist ein Glätten äußerst schwierig. Man kann sich so helfen, dass man nur eine sehr kurze Exkursion speziell zu einem solchen Standort macht oder dass man eine leichte, tragbare Presse mit ins Gelände nimmt und die Pflanze sofort einlegt. Bei längeren Exkursionen hat man dann die Last, die sperrige Presse mitzuschleppen.

Auf die Pflanze legen Sie nun mindestens eine doppelte Lage Zeitungspapier und lassen die nächste Pflanze folgen. Diesen Vorgang wiederholen Sie nun einige Male (4 – 5 Pflanzen). Abschließend folgt eine vierfache Lage Papier, die von Büchern beschwert wird. Nun können Sie fortfahren und das von Ihnen gesammelte Material regelrecht stapeln. Das geht aber nur, wenn die Bücher die Papierfläche fast vollständig bedecken. Die Methode bietet sich vor allem an, wenn man nicht übermäßig viele Pflanzen gesammelt hat. Der Bücherstapel nimmt auch nicht sehr viel Platz in Anspruch. Der Standort darf nicht zu feucht sein, damit weder die Bücher noch die Pflanzen Schaden nehmen. Feuchte Kellerräume oder ein Platz an einer feuchten Wand sind daher nicht geeignet. Der Stapel muss so platziert werden, dass er nicht im Weg steht und keine Gefahr besteht, den Turm versehentlich umzustoßen.

Trocknen mit der Presse

Vor allem wenn häufiger oder mehrere Pflanzen zu pressen sind, beispielsweise in der Ausbildung, oder weil sich das Botanisieren zum Hobby entwickelt, empfiehlt sich der Bau bzw. der Kauf einer Presse. Eine Presse, wie sie in Abbildung 1 dargestellt ist, lässt sich relativ einfach herstellen. Benötigt werden nur wenige Utensilien: 6 Gummistopfen, 6 stabile Metallstäbe mit Gewinde, 12 Muttern, 3 Metallschienen, 6 Flügelschrauben sowie mehrere widerstandsfähige Bretter unterschiedlicher Größe.

Eine Basisplatte (Maße ca. 50 cm × 56 cm × 2 cm) wird auf der längeren Seite jeweils drei Mal, ca. 2 cm – 2,5 cm vom Rand entfernt, durchbohrt. Die Bohrungen sollten so beschaffen sein, dass die Gewindestangen hindurchpassen bzw. hineingeschraubt werden können. Jeweils zwei Muttern werden so auf die Gewindestangen geschraubt, dass sie bündig abschließen. Auf die Muttern können nun die Gummistopfen aufgesteckt werden. Sie erhalten so eine Art Fuß, auf dem die ganze Presse sicher und rutschfest steht.

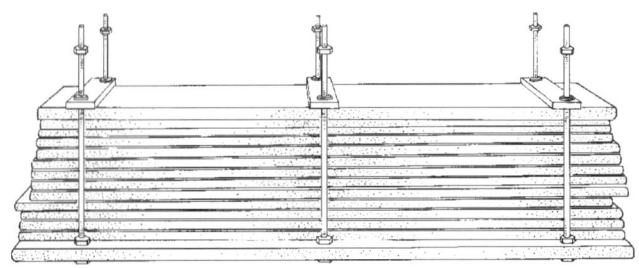

Abb. 1: Trockenpresse

Anschließend werden die Stangen durch die Bohrungen geschraubt. So erhält man ein Gerüst, zwischen das dann kleinere Holzplatten (Maße ca. 42 cm × 56 cm × 2 cm) gelegt werden. Die Metallschienen werden so durchbohrt, dass sich am Rand eine Bohrung für die Metallstäbe ergibt. Nach der letzten Platte werden die Metallstäbe durch die Metallschienen verbunden. Mit den Flügelschrauben fixiert man nun die Bretter. Mit Hilfe der Muttern lässt sich der zum Pressen benötigte Druck verändern, der je nach Pflanze variieren kann.

Eine einfachere, aber auch nicht so leistungsfähige Presse erhält man, wenn man sich zwei stabile Bretter besorgt, die etwas größer sind als das oben angegebene Papierformat, also etwa 32 × 45 cm. Nahe der vier Ecken werden Löcher gebohrt, durch die große, längere Schrauben gesteckt werden können. Wenn man die Schraubenköpfe in der Platte versenkt oder mit Gummistopfen ummantelt, kommt es nicht zu Kratzern. Das obere Brett wird durch die Flügelschrauben mit Unterlegplättchen, so weit wie die eingelegten Pflanzen erlauben, heruntergedrückt, um den notwendigen Pressdruck zu erzeugen. Es ist günstig, zwischen zwei Lagen Zeitungen mit Pflanzen Wellpappe zu legen. Das mindert den Druck, und es kann Luft hindurchströmen, was den Trocknungsvorgang beschleunigt. Bretter als Zwischenlage sind dann nicht nötig. Statt Wellpappe kann man auch eine weitere Lage Zeitungspapier dazwischenschieben.

Das Trocknen der Pflanzen mit der Presse erfordert ein wenig Übung, da man je nach Exemplar bzw. Familie den richtigen Druck herausfinden muss. Anhand der später folgenden Beschreibung des Pressvorgangs der wichtigsten Familien dürfte es allerdings nicht zu schwerfallen. Wie schon bei der Büchermethode können Sie Zeitungs- oder Löschpapier zum Trocknen verwenden. Ebenso muss das Papier häufiger gewechselt werden. Mit der Presse können mehr Pflanzen in kürzerer Zeit gepresst werden als mit der Büchermethode. Allerdings muss ein entsprechender Platz gefunden werden, an dem die Presse dauerhaft aufgestellt werden kann.

Möchten Sie zu mehreren die Pflanzen mit ein und derselben Presse trocknen, ist das Kennzeichnen des Sammelguts unbedingt notwendig. Je mehr Material zusammenkommt, umso länger dauert das Trocknen und umso mehr Arbeit bereitet das Umlegen. Bereits zuvor sollte die Arbeitsteilung innerhalb der Gruppe klar geregelt sein. Jeder Einzelne muss sorgfältig arbeiten, denn wenn auch nur einer unzuverlässig ist, droht das Sammelgut aller zu verderben.

Sinnvoll ist es, eine Feld- oder Sammelkladde zu führen. Ideal, aber umständlich ist es, bereits im Gelände aufzuschreiben, was man sammelt. Auch wenn die Pflanze vor Ort nicht exakt bestimmt werden kann, sind zumindest wesentliche Merkmale, u. U. die vermutete Familienzugehörigkeit, zu notieren. Ordnen Sie den Aufsammlungen fortlaufend Zahlen oder Buchstaben zu, getrennt nach Exkursionen. Diese Nummern kommen später auch auf die Herbarbögen. Wetterunabhängiger sind im Gelände kleine Diktiergeräte, allerdings muss der gesprochene Text dann zu Hause abgeschrieben werden. Beim Pressen überträgt man die Nummern oder Kombination gut sichtbar auf das Zeitungsblatt, was man natürlich beim Wechseln wiederholen muss. Den Namen der Pflanze braucht man nicht auf die Zeitung zu schreiben, der steht ja in der Sammelkladde oder wird nach der Bestimmung dort vermerkt. Man kann der Pflanze natürlich auch einen Zettel beilegen. Ein solcher Zettel mit Namen oder Nummer kann aber beim Wechseln leicht herausfallen, verlorengehen oder verwechselt werden.

Trocknen mit dem Pressgitter

So genannte Pressgitter oder Gitterpflanzenpressen sind im Fachhandel erhältlich. Zwischen die Gitter werden mehrere Bogen Zeitungs- oder Löschpapier gelegt und dazwischen die Pflanzen. Mit Hilfe von Spannketten werden die Gitter aufeinandergedrückt. Zusätzliches Beschweren erhöht den Druck noch weiter. Diese Methode empfiehlt sich für den einzelnen Sammler und für denjenigen, der wenig Material von seinen Exkursionen mitbringt. Von Vorteil ist, dass mit der Gitterpflanzenpresse verschiedene Bogen zur Katalogisierung mitgeliefert werden, was einer sehr guten Übersicht Ihres Werkes zugute kommt.

Gitterpressen lassen sich mit ins Gelände nehmen oder wenigstens im Auto an den Ausgangspunkt der Exkursion, sodass man die Pflanzen vorläufig, aber frühzeitig versorgen kann. In jedem Fall ist zu Hause eine sorgfältige Nachbereitung mit Kennzeichnung nötig.

Vortrocknen im Ofen und Schnelltrocknen

Um noch feuchte oder an sich wasserhaltige Pflanzen auf den Pressvorgang vorzubereiten, findet man den Hinweis, die betroffenen Objekte kurze Zeit bei geringer Hitze (ca. 50 °C) im Ofen anzutrocknen. Dazu werden die Pflanzen im präparierten Zustand auf ein Löschpapier gelegt und kurze Zeit (ca. 5 Minuten) in den Ofen geschoben. Danach sollen sie wie die anderen Präparate weiterbehandelt werden.

Aus meiner Erfahrung heraus muss ich von dieser Art der Vorbehandlung abraten, da sich einige Blüten schlossen und viele Pflanzen im weiteren Verlauf des Trocknungsvorganges verstärkt zur Braunfärbung neigten.

Im Gegensatz zur Ofenvortrocknung hat sich ein anderes Schnelltrocknungsverfahren bewährt (u. a. veröffentlicht von H. E. Weber in Gött. Flor. Rundbr. 11 (1977) 4, 85 – 88). Man benötigt zum Selbstbau einen Camping-Hocker (Aluminium-Hocker ohne Lehne) oder einen Küchenhocker, eine auf den Boden stellbare, einfache Keramik-Lampenfassung mit Zuleitung und Stecker und einen Elstein-Infrarotstrahler 100 Watt (keine höhere Leistung!). Der Strahler gibt kein sichtbares Licht ab und erhöht die Zimmertemperatur nicht. Wenn man die Trocknung in einem separaten Raum durchführt, kann man auch eine normale Glühlampe benutzen (ebenfalls höchstens 100 Watt). Die Presse wird wie beschrieben mit Zeitungspapier beschickt. Als zweite Lage wird Filzpappe (aus Teppich- oder Tapetenhandlungen), zugeschnitten auf Herbarformat, vorgeschlagen. Dies ist aber erfahrungsgemäß nicht unbedingt nötig. Wichtig ist aber die Wellpappe, beiderseits mit flacher Abdeckung, ebenfalls zugeschnitten auf Herbarformat, erhältlich in Kartonagen-Großhandlungen. Beim Schnitt ist darauf zu achten, dass die Riefen quer zur Längsachse verlaufen. Außerdem werden zwei Sperrholzplatten benötigt, etwas länger und breiter als das Herbarformat von Zeitung und Pappe, und zwei Lederriemen, die im Abstand von 1,5 cm gelocht sein sollten. Nachdem man die Presse zusammengebaut hat (ungefähr 50 Lagen sind möglich), stellt man die fest verschnürte Presse so auf den umgedrehten Camping-Hocker, dass die Luftkanäle der Wellpappe von unten nach oben weisen und so einen Warmluftstrom hindurchleiten. Auf die am Boden liegende Stoffsitzfläche wird der Strahler gestellt und angeschaltet. Bei diesem Verfahren ist es nicht nötig, das Zeitungspapier zu wechseln. Meistens sind die Pflanzen nach 48 Stunden, oft schon früher, vollständig getrocknet (Ausnahme Einkeimblättrige wie Lilienverwandte, nicht aber Süß- und Sauergräser, die sehr gut trocknen). Um ein Schwarzwerden zu verhindern, sollte die Temperatur nicht zu hoch sein. Ein Luftstrom von 30 bis 40 °C reicht zum Trocknen aus. Dabei bleiben die Farben erhalten.

Weiteres Zubehör

Zum Pressen sind neben den Büchern bzw. einer eigens hergestellten Presse einige weitere Utensilien notwendig:

- ausreichend Zeitungs- bzw. Löschpapier,
- Küchenrollenpapier,
- ein scharfes Messer mit glatter Klinge,
- eine Pinzette,

Ausreichend trockenes Zeitungspapier ist ein absolutes Muss für das Gelingen der Trocknung. Ist es nicht möglich, das Papier regelmäßig auszuwechseln, kann die Mühe des Sammelns und Bestimmens umsonst gewesen sein. Pflanzen in zu nassem Papier neigen zur Braunfärbung und zum Schimmeln.

Mit den saugfähigen Blättern einer Küchenrolle können nasse oder feuchte Pflanzen abgetupft werden. Das verringert die Restfeuchte der Pflanze, die Pressdauer ist kürzer und das Trocknungsergebnis besser. Verfährt man jedoch nach der oben beschriebenen Methode der Schnelltrocknung, kann auch regennasses Material eingelegt werden.

Das Einbetten in eine Lage Küchenrollenpapier schützt empfindliche Blüten und Blütenstände. Allerdings ist dabei mit größter

Vorsicht vorzugehen, denn die Gefahr des Klebenbleibens und Abreißens von Blütenteilen ist dadurch erhöht.

Das scharfe Messer dient dazu, besonders dicke Stängel, Blütenstände und unterirdische Teile senkrecht zu halbieren. Aus diesem Grund sollte die Klinge möglichst glatt und scharf beschaffen sein, um einen Schnitt ohne Einkerbungen zu gewährleisten.

Eine Pinzette ist ein sehr nützliches Hilfsmittel, wenn die Blüten schon geschlossen sind oder sich einzelne Blütenblätter eingerollt haben. Seien Sie beim Öffnen der Blüten besonders vorsichtig, da diese meist leicht abreißen können oder die Blütenfärbung beeinträchtigt werden kann. Kratzen Sie einmal über eine Zungenblüte des Löwenzahns. Sie werden feststellen, dass sich schon bei leichtem Kratzen die Farbstoffe ablösen lassen. Die Pinzette lässt sich auch sehr gut dazu nutzen, an Papierlagen anhaftende Blätter und Blüten zu lösen. Nur so können manche Pflanzen mit sehr guten Trocknungsergebnissen erhalten werden.

Tiere, die sich an den zu sammelnden Pflanzen befinden, werden an Fundpunkt abgeschüttelt oder mit einem Messer entfernt. Es empfiehlt sich nicht, Pflanzen mit Blattläusen zu sammeln.

Grundlagen des Pressens

Das Ziel des Pressens ist das vollständige Entfernen des in der Pflanze enthaltenen Wassers. Dies geschieht durch einen ausreichenden Druck, der das Wasser aus dem Material herauspresst, welches dann von dem verwendeten Papier aufgesogen wird. Um ein korrektes Trocknen zu erreichen empfiehlt es sich, nachstehende Hinweise zu befolgen.

- Das verwendete Papier darf auf keinen Fall feucht sein, da es ansonsten das Wasser der Pflanze nicht mehr aufsaugen kann. Löschpapier lässt sich problemlos im Ofen trocknen und wieder verwenden. Das qualitativ minderwertigere Zeitungspapier eignet sich leider nur zum einmaligen Gebrauch. Auch nach einer im Ofen durchgeführten erneuten Trocknung des Papiers ist das Wasseraufnahmevermögen so herabgesetzt, dass das Pressergebnis negativ beeinflusst wird. Dies kann auch durch die sich ablösende Druckerfarbe geschehen. Achten Sie darauf, dass die Zeitung nicht zu bunt ist, da Blüten sich verfärben können. Beschichtete Zeitungen und Zeitschriften eignen sich nicht zum Pressen von Pflanzen. Zeitungspapier ist auf alle Fälle die preiswerteste Alternative.

- Die Pflanzen müssen so naturgetreu wie möglich gepresst werden. Nur so lässt sich eine von Ihnen vollzogene Bestimmung auch von einem Prüfer nachvollziehen. Aufgrund der Größe mancher Objekte gestaltet sich das Erreichen dieser Vorgabe als schwierig, da auch Bäume oder Sträucher in einem Herbarium als Vertreter der einheimischen Flora auftreten können, von denen man ausreichend große Teile abschneidet, die alle charakteristischen, zum Bestimmen notwendigen vegetativen (Blätter) und generativen (Blüten) Merkmale erkennen lassen. Die Blüte bzw. der Blütenstand muss in seiner gesamten Größe ersichtlich sein. Daraus ergibt sich, dass zumindest ein Teil des Stängels immer mit abgeschnitten wird. Ein Problem bereiten häufig die am Stängel befindlichen Blätter, sei es nun durch ihre Größe oder ihre Position. Auch besitzen einige Vertreter grundständige Blattrosetten, die nur selten in Herbarien mit erfasst werden, da das Objekt unhandlich groß ist. Ein Herbarbogen etwa im Format DIN A4 ist dafür oft zu klein. Bögen in DIN-A4-Größe lassen sich zwar bequem aufbewahren, jedoch ist dann bereits das Aufbringen eines Rosskastanienblattes problematisch. Wenn möglich sollten jedoch immer normal große

Objekte – Pflanzen, Blätter – gesammelt werden, nicht Zwergformen, nur um sie montieren zu können. In solchen Fällen kann es notwendig sein, Blätter oder Blattrosetten unter Beibehaltung ihrer eigenen Anatomie vom Stängel abzutrennen und gesondert zu pressen. Hierbei ist es besonders wichtig, sorgfältig zu arbeiten. Der Stängel mit der an ihm befindlichen Blüte muss in seiner Kennzeichnung (in der Kladde, auf dem Zettel oder Zeitungsblatt) mit dem Stängelteil mit Blättern übereinstimmen, um eine Verwechslung im Voraus auszuschließen. Beispiel: 429a + 429b oder 73 I + 73 II.. Diese Zahlen müssen dann auch auf die Herbarbogen übernommen werden.

- Die Blüten der gesammelten Pflanzen sollten, wie oben erwähnt, in der Aufsicht gepresst werden, damit die Anatomie des Blütenbaus auch im trockenen Zustand ersichtlich ist. Dazu nimmt man den Blütenboden vorsichtig zwischen Daumen und Zeigefinger, überprüft ob die Blütenblätter ausgebreitet sind und drückt die Blüte mit geringem Druck auf das Papier. Der Blütenboden wird nun sorgfältig umgeknickt und nochmals festgedrückt. Die Laubblätter müssen ähnlich behandelt werden. Beim Auflegen dürfen sich nach Möglichkeit keine Knicke oder Kanten im Blatt bilden. Die gesamte Blattspreite muss aufliegen, da sich ansonsten im Verlaufe des Pressens eine Braunfärbung ergibt. Achten Sie darauf, dass der Blattrand deutlich zu erkennen ist, um Verwechslungen bei ähnlich aussehenden Pflanzen zu vermeiden. Sollten sich sowohl Blütenblätter als auch Laubblätter immer aus der gewünschten Position vom Papier lösen, ist es ratsam schnell zu arbeiten, also eine weitere Lage Papier vorbereitet zu halten und diese in kürzester Zeit auf die Pflanze zu legen. Hilfreich ist auch die Zusammenarbeit mit einer zweiten Person. Während der eine sorgfältig auf die richtige Lage der Blüten und Laubblätter achtet, bereitet der zweite das Zeitungspapier vor und legt es auf die Pflanze. So ersparen Sie sich Zeit und unnötige Komplikationen im späteren Verlauf der Pressung. Nicht vergessen: es muss auch eine Blüte und ein Blatt von unten zu sehen sein.

- Kennzeichnen Sie die Objekte eindeutig, um Verwechslungen zu vermeiden (siehe Abschnitt »Trocknen mit der Presse«).

- Stapeln Sie nicht zu viele Pflanzen übereinander und bringen Sie in regelmäßigen Abständen Bücher oder Bretter an. So verteilt sich das von den Pflanzen abgegebene Wasser gleichmäßig auf das Papier und wird nicht so feucht, dass es das Wasser nicht mehr aufnimmt. Dies würde den Pressvorgang in die Länge ziehen. Die Bücher oder Bretter sorgen für einen gleichmäßigen Druck innerhalb des Systems.

- Die aufsaugende Lage muss häufiger gewechselt werden. Erfahrungsgemäß ist das Papier nach dem ersten Tag zu erneuern. Die Pflanzen verlieren in der ersten Zeit sehr viel Wasser, welches aus dem System entfernt werden muss. Dabei kommt es, wie im dritten Teil dieses Buches »Spezieller Teil« zu lesen ist, zu erheblichen Unterschieden.

- Nehmen Sie sich genügend Zeit, die Pflanzen zu pressen. Kontrollieren Sie in Ruhe den Fortschritt Ihrer Arbeit, indem Sie sowohl das Papier als auch die Blumen auf Restfeuchte überprüfen. Im Zweifelsfalle heißt es immer: Papier wechseln und die Pflanze noch 1 – 2 Tage trocknen!

- Überprüfen Sie schon beim ersten Papierwechsel, ob sich die Pflanze noch in der richtigen Lage befindet. Sollte dies nicht mehr der Fall sein, lassen sich alle Exemplare nach dem ersten Tag korrigieren. Führen Sie dies mit der größtmöglichen Vorsicht durch, da die Pflanze einem enormen Druck ausgesetzt wurde und die Blüten mitunter etwas fester am Papier haften. Mit einer Pinzette oder einem Spatel lassen sie sich einfach abtrennen. Haften die Blütenblätter zu dicht aufeinander, können Sie sie mit einer feinen Pinzette auseinanderziehen und in die richtige Lage bringen. Ähnliches gilt für Laubblätter. Es kommt häufig vor, dass ein Blatt umknickt. Es muss dann gerichtet, also wieder ausgebreitet werden. Geschieht dies nicht, wird die Trocknung des Blattes behindert und es kommt zu einer Braunfärbung. Einfach geformte Laubblätter (oval, herz- oder eiförmig) lassen sich einfach mit der Hand richten. Kleinere und filigraner geformte Blätter (gefiedert, fiederteilig oder handförmig) sollten sehr behutsam von Hand oder mit einer Pinzette gerichtet werden.

- Die Position der Pflanze in der Presse oder in Büchern ist ebenso wie der aufgewandte Druck für das erwartete Trocknungsergebnis entscheidend. Bei meiner langjährigen Arbeit zeigte sich, dass empfindlichere Blüten (z. B. Weiße Lichtnelke, *Silene latifolia* oder Echtes Seifenkraut, *Saponaria officinalis*, beide *Caryophyllaceae*) weitaus weniger Druck benötigen und somit im oberen Bereich der Presse getrocknet werden müssen. Hingegen sind robustere Pflanzen, wie z. B. der Echte Löwenzahn (*Taraxacum officinale, Asteraceae*) oder der Gemeine Saathafer (*Avena sativa, Poaceae*) weitaus unempfindlicher gegenüber hohem Druck. Daher sind sie im unteren Teil der Presse sehr gut aufgehoben. Wenn Sie sich nicht ganz sicher sind, was die Empfindlichkeit einer Blüte betrifft, setzen Sie sie vorsichtshalber nur geringem Druck aus. Der Pressvorgang dauert zwar etwas länger, sichert jedoch ein gutes Ergebnis.

Folgende Merkmale kennzeichnen den vollendeten Trocknungszustand der Pflanze:

- Die Pflanze fühlt sich trocken und nicht mehr feucht und kühl an.

- In der Regel weist die Pflanze eine gewisse Starrheit auf und kann bei unsachgemäßer Handhabung brechen. Beim vorsichtigen Hochheben bleiben Stängel, Blätter und Blüten in einer Ebene, die Blätter oder die Stengelspitze sinken nicht nach unten.
- Die Pflanze lässt sich in ihrer Gesamtheit, also Blätter und Blüten, von der Zeitung lösen. Vorsicht: Blütenblätter können leicht an der Zeitung haften und müssen behutsam mit einer Pinzette gelöst werden.

Die optimal gepresste Pflanze weist die typischen Merkmale des Ausgangsmaterials auf, nur in einem konservierten Zustand. Entnehmen Sie Ihre Pflanzen der Presse. Das Gewächs fühlt sich nunmehr trocken an und ist sehr empfindlich gegenüber äußeren Einflüssen. Es lässt sich sehr leicht zerbrechen und bedarf eines sorgfältigen Umgangs. Befestigen Sie ihr Objekt auf einem Herbarbogen. Normales Schreibpapier ist viel zu dünn und biegsam. Die Pflanze ist nicht ausreichend geschützt. Verwenden Sie Bastel- oder Zeichenkarton, wenn Sie keinen Herbarbogen zur Hand haben. Wählen Sie für das ganze Herbar eine einheitliche Größe. Es ist nicht ratsam, für ein Hungerblümchen (*Erophila verna*) DIN A5 zu wählen und für den Riesenschachtelhalm (*Equisetum telmateia*) DIN A3. Unterschiedliche Formate würden beim Aufbewahren rutschen und die Pflanzen zerstören. Die gesammelten Pflanzen sind wissenschaftliche Dokumente. Sie sollten deshalb nicht nach Abschluss der Ausbildung, wenn Pflanzensammeln nicht als Hobby oder Beruf fortgesetzt wird, im Müll entsorgt werden, sondern einem wissenschaftlichen Institut (Universität oder Museum mit Botanikerstelle) übergeben werden. Auch kleinere Sammlungen sind ein Baustein für Heimat- oder Lokalfloren bzw. Material für wissenschaftliche Untersuchungen. Unsere heimische Flora ist noch längst nicht vollständig erforscht. Für solche Institute ist ein Format etwa in der Größe von DIN A3 üblich. Für das Aufbewahren zu Hause ist das Format DIN A4 zwar zweckmäßiger, denn die Belege können in Aktenordnern gesammelt werden. Jedoch ist es viel umständlicher, Pflanzen auf Bögen dieses Formats aufzukleben, denn sie sind in der Regel größer als 30 cm. Grundsätzlich müssen Sie sich nach den Vorgaben Ihrer Institution oder Ihres Prüfers richten.

Das Anbringen der Pflanzen sollte mit Hilfe von dünnen, einseitig haftenden Klebestreifen (z. B. eine Rolle mit einer Breite von 40 mm, von der die Streifen je nach Bedarf abgeschnitten werden) erfolgen, wie sie im Fachhandel erhältlich sind. Einfaches Klebeband ist aufgrund seiner für diesen Zweck schlechten Eigenschaften nicht zu verwenden. In gar keinem Fall sollte man Tesa-Film o. Ä. verwenden oder Pflanzen mit Uhu oder einem anderen Kleber festkleben. Die montierten Pflanzen müssen für Nachuntersuchungen von allen Seiten zugänglich sein, also wieder losgelöst werden können. Jede Pflanze sollte in eine gesonderte Klarsichthülle verpackt werden, sofern man nicht die ebenfalls im Handel befindlichen, vorgefertigten Bögen nimmt. Die so zusammengestellten Einheiten können dann in einem Aktenordner oder einem Karton mit Deckel, entsprechend der Größe der Herbarbogen, geordnet und katalogisiert werden. Man kann mehrere Bogen in einem Schutzumschlag mit einer Kordel zusammenbinden, sodass sie nicht verrutschen und leicht herausnehmbar sind.

Die Beschriftung

Um ein wissenschaftliches Herbarium anzulegen, benötigen die getrockneten Pflanzen eine korrekte und für jeden ersichtliche Beschriftung. Die Beschriftung sollte mit einem Aufkleber (Etikett) auf dem entsprechenden Herbarbogen vorgenommen und nicht auf der Klarsichthülle angebracht werden. Die Beschriftung muss dauerhaft und gut leserlich sein, um einem Außenstehenden oder einem Prüfer die Arbeit des Lesens und der Kontrolle zu erleichtern. Erfragen Sie, ob mit dem Computer hergestellte Etiketten erlaubt sind. Sie bieten ein sehr gutes Erscheinungsbild. Ähnlich wie bei den Anforderungen hinsichtlich der Zusammenstellung des Herbariums gibt es manchmal von den Institutionen auch genaue Vorschriften bezüglich der Beschriftung.

Im Folgenden sollen die wichtigsten Informationen kurz vorgestellt werden, jeweils mit einer Erklärung, an welcher Einrichtung sie erforderlich sind:

- Der deutsche Name der Pflanze (z. B. Weißer Steinklee). Dieser gehört in jedes Herbarium. Da viele Pflanzen auch noch andere, im Volksmund geläufige Namen besitzen ist es ratsam, den in den Bestimmungsbüchern als Erstes genannten zu verwenden. In unserem Beispiel trägt der Weiße Steinklee im Volksmund noch die Namen Honigklee oder Bucharaklee. Für wissenschaftliche Institute ist der deutsche Name nicht erforderlich, es sei denn, Sie erstellen eine dokumentierte Arbeit über Volksnamen.

- Es folgt der botanische Artname. Hier ergibt sich auch schon der erste Unterschied zwischen einem für (PTA-)Schulen angelegten und einem für eine Universität angefertigten Herbarium. Eine wissenschaftlich korrekte Beschriftung schließt den Erstbeschreiber (Autor) mit einem Kürzel ein, z. B.: *Melilotus albus* MED.; Med. steht für Fr. C. Medicus. Bei Umkombinationen, z. B. wenn die Art in eine andere Gattung gestellt wird, wird der Name des Erstbeschreibers in Klammern gesetzt, gefolgt vom Namen des zweiten Bearbeiters. Der Name kann in Herbarien für (PTA-)Schulen in der Regel entfallen, ist jedoch an Universitäten zwingend erforderlich.

- Der Name der Familie muss immer angegeben werden, in unserem Beispiel *Fabaceae*. Der lateinische Ausdruck genügt meist. Eine deutsche Übersetzung (hier: Schmetterlingsblütengewächse) kann jedoch zum besseren Verständnis beitragen.

Beides ist in wissenschaftlichen Sammlungen nicht üblich, aber es hilft einem Anfänger beim Einordnen.

- Der Zeitpunkt des Fundes ist bei der Beschriftung unerlässlich. Ein genaues Datum mit Nennung des Tages kann für Herbarien des eigenen Bedarfs oder für (PTA-)Schulen angegeben werden, für wissenschaftlich erstellte Herbarien muss es vorhanden sein. Der hier gewählte Weiße Steinklee blüht von Juli bis September.

- Die Bezeichnung des Bundeslandes und der Stadt, in deren Umgebung die Pflanze gefunden wurde, ist bei wissenschaftlichen Arbeiten zwingend erforderlich (z. B. NRW, Köln). Es empfiehlt sich, den Namen des Waldes bzw. des Gebietes mit aufzuführen, um den Standort enger zu fassen. Auch in späteren Jahren sollte die Pflanze am Fundpunkt auch von anderen Botanikern zur Nachprüfung auffindbar sein. Deshalb ist es **unumgänglich**, den Fundpunkt so genau wie möglich anzugeben! Ortsnamen und lokale Flurbezeichnungen reichen dafür nicht aus. In deutschen Herbarien, auch in den entsprechenden floristischen und taxonomischen Arbeiten, erfolgt dies mit Hilfe der Messtischblätter und den Rechts-/Hochwerten (R/H-Wert) der Gauß-Krüger-Koordinaten. Das Messtischblatt im Maßstab 1 : 25 000 (abgekürzt TK 25) enthält am Kartenrand von links nach rechts die Rechtswerte, von unten nach oben die Hochwerte. Falls das Gitter nicht auf der Karte aufgetragen ist, kann man es mit Bleistift nachholen. Das Gitter bildet Planquadrate mit einer Kantenlänge von 4 cm = 1 km in der Natur. Die Feinangabe eines Fundpunktes kann man nun mit Hilfe eines Lineals oder Geodreiecks ermitteln. Liegt der Fundpunkt (mit Bleistift markiert) in einem Quadrat 32 mm vom linken Rand entfernt, so ist die Entfernungsangabe 800 m (4 mm entsprechen 100 m). Mit den Koordinatenwerten am waagrechten Rand (oben oder unten) kombiniert, ergibt sich der R-Wert, der immer zuerst genannt wird. Steht z. B. für die linke Linie unseres Quadrats am Rand [34]57, so lautet der auf dem Herbarbogen zu notierende erste Wert 3457.800 (man kann die beiden ersten Zahlen weglassen). Entsprechend wird der H-Wert als Abstand von der unteren Begrenzung des Quadrats ermittelt. Ergibt sich hier ein Abstand von 10 mm, so könnte die Gesamtangabe lauten 3457.800/5565.250 ([55]65 war der Zahlenwert für die untere Linie). Damit ist der Fundpunkt ziemlich genau festgelegt, noch genauer geht es mit (teuren) GPS-Geräten.

- Unsere Beispielpflanze findet sich an Weg- oder Feldrändern. Seien Sie bei der Fundstelle ehrlich und halten Sie an Ihrem Resultat fest, auch wenn in Bestimmungsbüchern Ihr Fundort nicht aufgelistet wird. Niemals können alle Standplätze der Pflanzen in einem Buch erwähnt bzw. erfasst werden.

- Ein weiterer Unterschied zwischen den beiden Herbarien besteht in der Erwähnung der Bodenbeschaffenheit. Dieses für wissenschaftliche Pflanzenbücher erforderliche Detail lässt sich mitunter nur schwer ermitteln. Über die Bodenbeschaffenheit können nur diejenigen eine sichere Aussage machen, die sich speziell mit Bodenkunde beschäftigt haben, daher ist es viel wichtiger, begleitende Pflanzen zu notieren, weil Kundige aus einer Pflanzengesellschaft, Rückschlüsse auf die Bodenbeschaffenheit ziehen können. Eine kurze Standortbeschreibung zu den erwähnten Beispielpflanzen und Familien erfolgt im dritten Teil dieses Buches.

- Wichtig ist der Name des Sammlers. Er steht hinter dem Kürzel leg., für legit = gesammelt. Sollte die Pflanze von einer anderen Person bestimmt worden sein, folgt deren Name hinter det., für determinavit = bestimmt. Damit entfällt in wissenschaftlichen Herbarien die Unterschrift, die bei Aufgabenstellungen in Schulen zum Nachweis der eigenständigen Arbeit gefordert werden kann.

Zwei typische Etikettenarten, zum einen für wissenschaftlich erarbeitete Herbarien, zum anderen für an PTA-Schulen übliche Herbarien, sind in Abbildung 2 aufgeführt. Inwieweit diese Beispiele modifiziert werden müssen, liegt an den Anforderungen Ihrer Einrichtung. Diese haben absoluten Vorrang gegenüber den hier gemachten Vorschlägen. Lassen sich erforderliche Angaben nicht auffinden, sollten Sie sich mit einem Kommilitonen/Schüler zusammensetzen, der dieselbe Pflanze in seinem Herbarium hat, weiterführende Literatur zu Rate ziehen oder einen Assistenten befragen.

Zur Katalogisierung der Pflanzen sollten folgende Regeln beachtet werden:

- Ordnen Sie die Pflanzen nach Familienzugehörigkeit.
- Familien und Pflanzen sollten anhand der lateinischen Bezeichnung alphabetisch geordnet werden.
- Es empfiehlt sich, den Beginn einer neuen Familie durch einen gesonderten, mit dem Namen der Familie beschrifteten Bogen deutlich zu machen.

So sind Sie in der Lage, Ihre Pflanzen in einem einfachen und zugleich zweckmäßigen System zu erfassen. Den kontrollierenden Personen erleichtern Sie zudem die Arbeit.

a)

Herbar Sven Linnartz Bogen Nr. 478
Familie: *Fabaceae* / Schmetterlingsblütengewächse
Melilotus alba MED.
Hessen, Glashütten
Wiesenrand, 460 m
TK 5715   R/H 56.500/64.650
20. 06. 2003
leg. (legit) Sven Linnartz

---

b)

Herbar Sven Linnartz Bogen Nr. 478
Melilotus alba
Weißer Steinklee
Fabaceae, Schmetterlingsblütengewächse
20. 06. 2003, Feldrand
leg. (legit) Sven Linnartz

Spezieller Teil

Im nun folgenden Abschnitt werden erprobte Vorschläge für das Pressen einiger wichtiger Familien des Pflanzenreiches beschrieben und diese anhand typischer Vertreter differenziert. Des Weiteren finden Sie wichtige Bestimmungsmerkmale, Blütenformel sowie Tipps zu gängigen Standorten. Das immer wieder erwähnte Wechseln des Papiers bezieht sich auf die normalen Trocknungsverfahren, beim Schnelltrocknen im Warmluftstrom entfällt es. Auch die Druckangaben sind dann zu vernachlässigen, da bei der senkrechten Anordnung der zu trocknenden Pflanzen der Druck auf alle gleich ist. Bei der Herstellung eines Herbarbogens sollte man sich immer vor Augen halten, dass es sich um ein wissenschaftliches Dokument handelt. Wenn es schön ist, ist es schön, aber das ist nicht der Sinn und Zweck eines Herbars, sondern die Originalität und Wahrhaftigkeit. Deshalb sollte man nicht an den gesammelten Pflanzen »Schönheitsoperationen« vornehmen, damit sie besser aussehen (vertrocknete Blätter oder Blüten entfernen) oder zum leichteren Trocknen Eingriffe durchführen. Selbst wenn Sie nach dem Trocknen die abgeschnittenen Blätter wieder »ankleben«, ist das eine sehr zweifelhafte Methode, auch wenn Sie noch »genau wissen, wie es war« – was zu bezweifeln ist. Collagen sind etwas für eine Kunstausstellung. Sollte Ihr Prüfer anderer Ansicht sein, müssen Sie notgedrungen in den sauren Apfel beißen und die Objekte »auf Schönheit« trimmen, was nicht heißen soll, dass Sie sonst schlampen können.

Aceraceae – Ahorngewächse

Wie bereits im allgemeinen Teil unter »Die Auswahl der Pflanzen« beschrieben, können auch Bäume als Pflanzenquelle dienen. Ahorngewächse sind bei uns beliebte Arten, die man angepflanzt oder natürlich in fast jedem Wald oder am Wegrand entdecken kann. Die einzelnen Arten lassen sich gut über ihre Blätter und Blüten unterscheiden. Die jungen Zweige können bei mittleren Druckverhältnissen gepresst werden. Aufgrund der Blütezeit (April – Mai) der Ahorngewächse und den daraus resultierenden schwierigen Witterungsverhältnissen muss das Papier mindestens einmal täglich gewechselt werden. Es muss immer ein Zweig mit mehreren Blättern und einem Blütenstand gesammelt werden. Kleben Sie die Blätter nie lose auf, dann ist die Blattstellung nicht erkennbar! Außerdem benötigen Sie vom Blatt eine Aufsicht auf die Ober- und eine auf die Unterseite. Die Blätter können bei hohem Druck getrocknet, die Papierlagen nur einmal täglich gewechselt werden. Leicht zu finden sind:

- Feldahorn – *Acer campestre* L.,
- Berg-Ahorn – *Acer pseudoplatanus* L.,
- Spitzahorn – *Acer platanoides* L.

Adoxaceae – Moschuskrautgewächse

In Deutschland findet sich nur ein einziger Vertreter der *Adoxaceae*, das Moschuskraut (*Adoxa moschatellina* L.). Aufgrund seiner geringen Größe und der grünen Blütenfärbung ist es an seinem Standort, dem Auwald, unter den anderen im Frühjahr blühenden Gewächsen leicht zu übersehen. Da seine Bestimmung jedoch relativ leicht fällt und auch das Pressen keine Schwierigkeiten bereitet, ist es ein nahezu ideales Einstiegsobjekt. Da die Blüten des Moschuskrautes nicht besonders groß sind, entfällt ein umständliches Positionieren. Man muss nur auf die richtige Lage der am Stängel anhaftenden relativ kleinen Blätter achten. Zusätzlich sollten noch ein oder zwei der grundständigen Blätter mitgepresst werden. Für den richtigen Zusammenhalt ist es notwendig, eine Pflanze auszugraben. Die Blätter sind tief geteilt und welken sehr rasch. Deshalb müssen sie möglichst schnell in die Presse, sonst hat man Schwierigkeiten, sie korrekt auszubreiten. Sowohl Blütenstand als auch Blätter können bei hohen Druckverhältnissen in die Presse gelegt werden. Die Papierlagen sind täglich zu erneuern. Der Trocknungsprozess ist meist nach einer Woche abgeschlossen.

Alliaceae – Lauchgewächse, früher den Liliaceae zugeordnet

Alliaceae sind in der Natur durch ihren starken Eigengeruch sehr leicht zu identifizieren. In dieser Familie finden sich einige sehr bekannte Küchenkräuter wie z. B. Schnittlauch, Knoblauch und die Küchenzwiebel. Aus dieser Funktion lässt sich auch schon ein Standort ermitteln: der eigene Garten. Weiterhin finden sich einige Zwiebelgewächse in Auwäldern, sowie an und in Weinbergen. Die Hauptblütezeit liegt zwischen Juni und August.

Hinsichtlich der Trocknung bereiten die *Alliaceae* einige Probleme, da die Pflanzen sehr feucht sind. Der Stängel sollte, wie bei den nachstehenden *Apiaceae*, auf einem gesonderten Papier flachgedrückt, aber nicht mit einem Messer geteilt werden. Im Gegensatz zu den *Apiaceae* bereiten jedoch nicht die Ausmaße des Stängels Probleme, sondern eher das enthaltene Wasser. Dieses muss durch das »Vorpressen« des Stängels auf einer saugfähigen Unterlage größtenteils entfernt werden. Gleiches gilt in einigen Fällen für die Blattstiele. Die mitunter kugeligen und großen Blütenstände können nur schwierig halbiert werden, da es auch bei vorsichtiger Behandlung zum Zerfallen kommen kann. Die Pflanzen sollten zu Beginn bei hohem Druck gepresst werden. Fühlt sich die Pflanze nicht mehr so feucht an, kann man das Objekt bei niedrigerem Druck endgültig trocknen. Die Anzahl der Papierlagen, die zwischen den Pflanzen liegen, sollte unbedingt erhöht werden, damit das abgegebene Wasser ausreichend aufgenommen werden kann. Es ist des Weiteren notwendig, das Papier in den ersten Tagen zweimal täglich zu wechseln, um ein optimales Ergebnis zu erhalten. Das Zeitungspapier sollte ab dem vierten Tag alle zwei Tage bis zur Trocknung gewechselt werden. Das Pressergebnis weicht von dem anderer Familien ein wenig ab. Zwar müssen sich die Pflanzen ebenfalls trocken anfühlen, es lässt sich nach unserer Erfahrung jedoch nur selten ein starres Objekt erhalten. Dadurch sind die Pflanzen zwar nicht so empfindlich, kann aber zu dem Trugschluss führen, dass der Trocknungsvorgang noch nicht vollständig abgeschlossen ist. Auch die Schnelltrocknung dauert hier länger als 48 Stunden.

Die Vertreter der *Alliaceae* verströmen durch das enthaltene ätherische Öl einen intensiven Duft. Dieser kann sich auf andere in einer Presse befindlichen Pflanzen übertragen, sollten diese mit *Alliaceae* in unmittelbarem Kontakt stehen. Da auch dies die eigentliche Pflanzencharakteristik verfälschen kann, sollten Vertreter weiterer Familien in ausreichendem Abstand, also in einem anderen Boden bzw. zwischen anderen Büchern, gepresst werden. Dies gilt auch für die spätere Aufbewahrung. Typische einheimische Vertreter der *Alliaceae* sind:

- Schnittlauch – *Allium schoenoprasum* L.,
- Bärlauch – *Allium ursinum* L. – blüht im April in Auwäldern,
- Knoblauch – *Allium sativum* L.,
- Küchenzwiebel – *Allium cepa* L.

Knoblauch (*Allium sativum* L.) und Küchenzwiebel (*Allium cepa* L.) sind keine Wildpflanzen, im Gegensatz zum Schnittlauch, der durchaus wild und verwildert vorkommt. Es hängt von Ihrer Aufgabenstellung ab, ob Sie diese Pflanzen sammeln können. Sie müssen sie beim Sammeln tief im Boden abschneiden oder auszugraben versuchen, da die Stellung der Blätter bei der Bestimmung wichtig ist. Wenn auch Küchenzwiebel und Knoblauch häufig in Gärten vorkommen, sind sie, da sie nicht zum Blühen kommen, meist für das Herbar unbrauchbar.

Amaranthaceae – Fuchsschwanzgewächse

Die Familie der *Amaranthaceae* umfasst im Vergleich zu anderen Familien nur wenige Pflanzen, doch findet man die meisten Vertreter an einfachen Standorten wie Äckern oder Schuttplätzen. Auch wenn die unscheinbaren Pflanzen vom Bau ihrer Blüten (meist füllige Blütenstände oder kleine Blüten) kompliziert aussehen, gestaltet sich das Pressen sehr einfach. Sie vertragen ohne weiteres hohe Druckbelastungen. Das Papier sollte nur in den ersten beiden Tagen täglich gewechselt werden, danach ist ein Zweitagerhythmus ausreichend. Wichtig ist allerdings, dass eine ausreichende Trockenperiode dem Sammeln vorausgeht. Das Minimum beträgt zwei Tage. Es handelt sich (bis auf eine Art) um Neophyten, Pflanzen, die nach 1500 bei uns eingewandert sind oder eingeführt wurden. Zum Bestimmen benötigt man eine gute Lupe, Präparierbesteck (deshalb zu Hause durchführen) und an der Pflanze Früchte (im Gelände kontrollieren). Verbreitet sind:

- Zurückgekrümmter Fuchsschwanz – *Amaranthus retroflexus* L.,
- Weißer Fuchsschwanz – *Amaranthus albus* L.,
- Aufsteigender Fuchsschwanz – *Amaranthus blitum* L.

Apiaceae – Doldengewächse

Zur Familie der *Apiaceae* gehören einige der wichtigsten Arznei- und Gewürzpflanzen. Anis, Fenchel, Kümmel oder Dill sind Mitglieder dieser Familie. Typische Standorte der *Apiaceae* sind Ackerränder, Uferränder und Ödland. Bis auf wenige Ausnahmen ist es ratsam, die *Apiaceae* bei geringem Druck zu pressen, da die in Dolden angeordneten Blüten sehr klein und empfindlich sind. Drücken Sie die Dolde vorsichtig auf das Papier und knicken dann den Stängel um. In den meisten Fällen bleibt der Blütenstand haften, sodass man problemlos die nächste Lage Papier auftragen kann. Das Papier sollte in der ersten Woche täglich gewechselt werden, da nur so einer Braunfärbung der Präparate vorgebeugt werden kann. Danach ist das Papier in regelmäßigen Abständen zu wechseln, bis die Pflanze starr und trocken ist. Typische einheimische Vertreter, die sich auf diese Weise pressen lassen, sind:

- Gemeiner Pastinak – *Pastinaca sativa* L.,
- Wiesenkerbel – *Anthriscus sylvestris* (L.) HOFFM.,
- Sanikel – *Sanicula europaea* L.

Drei von der oben angeführten Regel abweichende Arten sind die Wilde Möhre (*Daucus carota* L.), die Hundspetersilie (*Aethusa cynapium* L.) und der Wiesen-Bärenklau (*Heracleum sphondylium* L.). Sie können ohne weiteres einem höheren Druck ausgesetzt werden. Das Papier sollte wie bei anderen *Apiaceae* gewechselt werden. Beim Sammeln der Wilden Möhre ist zu beachten, dass ein Blütenstand nach außen gewölbt sein sollte, um ein optimales Pressergebnis zu erzielen. Ein nach innen gewölbter Blütenstand deutet bei dieser Pflanze auf eine abgeschlossene Blüteperiode hin.

Da zum Bestimmen in fast allen Fällen Früchte notwendig sind, empfiehlt sich beim Sammeln darauf zu achten. Dann muss man zwei Stängel mitnehmen. Auch die Blätter mit der Blattscheide sind wichtig und müssen am Stängel vorhanden sein. Da sie meist gefiedert und fein geteilt sind, ist das korrekte Anordnen auf dem Papier nur im frischen Zustand möglich.. Es hilft wie auch bei anderen Pflanzen, die Stängel mit den Blättern in Wasser zu legen, bis sie wieder ausgebreitet sind. Das Trocknen dauert dann eben länger, aber Sie haben ein schön gepresstes Fiederblatt.

Da einige Vertreter der *Apiaceae* einen dicken Stängel aufweisen, der einem einfachen und schnellen Pressvorgang im Wege steht, muss dieser ohne Beschädigung der Pflanzencharakteristik flacher werden. Dazu kann man entweder mit dem Daumen vom Blütenstand ausgehend Druck auf den Stängel ausüben und so bis zur Abschnittstelle entlangfahren oder man halbiert den Stängel mit Hilfe eines Messers. In beiden Fällen empfiehlt es sich, diesen Arbeitsschritt auf einem gesonderten Papier (besonders geeignet sind Löschpapier und Küchenrollen) durchzuführen.

Vor allem die Bärenklau-Arten (der einheimische Wiesen- und der eingeführte Riesen-Bärenklau) sind durch ihre Furocumarine für den Sammler gefährlich, da ihr Zellsaft, wenn er auf die Haut gelangt, nach anschließender Sonnenexposition zu Verbrennungen führen kann. Deshalb wird nochmals darauf hingewiesen, dass der Zellsaft einiger *Apiaceae* giftig ist und diese nur mit Handschuhen abgeschnitten werden sollten. Gleiches gilt auch für das spätere Pressen.

Apocynaceae – Hundsgiftgewächse

Auch in der Familie der *Apocynaceae* findet sich nur ein in Deutschland vorkommender Vertreter, das kleine Immergrün (*Vinca minor* L.). Die blau gefärbten Blüten lassen sich einfach in der Aufsicht arrangieren, da die einzelnen Blütenblätter relativ fest am Blütenstandsboden haften. Die Blüte sollte sanft mit Daumen und Zeigefinger auf das Papier gedrückt werden. So bleibt sie kurze Zeit haften und es lässt sich problemlos eine weitere Lage Papier auflegen. Der Druck muss in den ersten zwei bis drei Tagen hoch gewählt werden, da die Standorte des Immergrüns meist eine hohe Feuchtigkeit besitzen. Damit die Farbe der Blüte von Dauer ist, kann nach dieser Zeit der Druck bis zur vollständigen Trocknung vermindert werden.

Araceae – Aronstabgewächse

Einziger, sammelbarer Vertreter der Aronstabgewächse ist der gefleckte Aronstab (*Arum maculatum* L.), da eine andere einheimische Art (Schlangenwurz – *Calla palustris* L.) unter Naturschutz steht, eine dritte (Kalmus – *Acorus calmus* L.) als Neophyt bei uns selten zum Blühen kommt. Den gefleckten Aronstab findet man zahlreich in feuchten Auwäldern von April bis Mai. Der Blütenstand des Aronstabes ist ein bräunlich-schwarz gefärbter Kolben, der von einem Hüllblatt umgeben ist. Ist der Kolben wachsartig grün gefärbt, ist die Blütezeit abgeschlossen! Die Blätter sind grundständig. Um diese einfach zu bestimmende Pflanze optimal zu pressen, muss das Hüllblatt am Blütenstandsboden etwas aufgeschnitten und zusätzlich der Kolben der Länge nach halbiert werden. Da auch diese Pflanze, durch ihren Standort bedingt, sehr feucht ist, sollte zwischen Kolben und Hüllblatt noch ein Stück Lösch- oder Küchenpapier gelegt werden. Die Blattstiele sowie der Stängel sind auf einem gesonderten Papier flachzudrücken. Da die Blätter sehr tief im Boden entspringen, muss man entsprechend tief abschneiden. Es ist darauf zu achten, dass die Anzahl der Papierlagen erhöht wird. Der Aronstab nutzt das Hüllblatt als Falle für kleine Insekten, die die Bestäubung erledigen sollen. Es ist daher sinnvoll, den Blütenstandsboden schon unmittelbar nach dem Sammeln aufzuschneiden und die Insekten zu entfernen.

Araliaceae – Efeugewächse

Efeu (*Hedera helix* L.) findet sich in vielen Laubwäldern. Die Pflanze ist mit ihren Haftwurzeln fest an Bäumen oder auch anderen Unterlagen befestigt. Man unterscheidet zwei Blattformen beim Efeu. Zum einen die gelappten Blätter der noch nicht blühfähigen Exemplare und zum anderen die verkehrt eiförmig gestalteten Blätter der blühfähigen Exemplare. Die Blüten stehen zahlreich in zu Halbkugeln geformten Dolden. Efeu ist abgesehen von der Anzahl der Blüten eine einfach zu trocknende Pflanze. Sie kann mittlerem bis hohem Druck ausgesetzt werden und trocknet im Gegensatz zum Aronstab relativ schnell. Es ist sinnvoll, die Blüten in eine zusätzliche Lage Küchenpapier einzubetten. Das Papier ist täglich zu wechseln.

Asteraceae – Korbblütengewächse

Die Familie der *Asteraceae* umfasst einige hundert verschiedene Pflanzen, die sich in ihrem Aussehen und vor allem in der Größe ihrer Blütenstände unterscheiden. Andererseits kommt es jedoch zu erstaunlichen Ähnlichkeiten der Blütenstände und des restlichen Pflanzenaufbaus, sodass eine exakte Bestimmung nur nach einer Zerlegung des Blütenstandes möglich ist. Das kann man nur zu Hause durchführen. Man benötigt also mindestens zwei Pflanzen mit Grundblättern und auch Früchten. Da Letztere leicht wegfliegen ist es praktisch, sie in einer kleinen Tüte separat zu verwahren (mit Notiz) oder eine kleine Tüte über den Fruchtstand zu stülpen und mit einem Gummi zu fixieren. *Asteraceae* blühen das ganze Jahr, natürlich mit Ausnahme der Wintermonate, und finden sich an allen möglichen Standorten. Vor allem die relativ kleinen und krautigen Vertreter der *Asteraceae* wie z. B. das Gänseblümchen (*Bellis perennis* L.) oder der Huflattich (*Tussilago farfara* L.) eignen sich für das Trocknen besonders gut. Pflanzen mit einem dicken Stängel oder mit großen, kugelförmigen Blütenständen bereiten hingegen Schwierigkeiten. Zu Letzteren zählen hauptsächlich die verschiedenen Distel-Arten, die beim Sammeln auch durch ihre Stacheln Probleme hervorrufen können. Unproblematisch zu verarbeiten sind:

* Gänseblümchen – *Bellis perennis* L.,
* Huflattich – *Tussilago farfara* L.,
* Margerite – *Leucanthemum ircutianum* DC.,
* Echte Kamille – *Matricaria recutita* L.,
* Einjähriges Berufskraut – *Erigeron annuus (*L.*)* PERS.,

- Acker-Hundskamille – *Anthemis arvensis* L.,
- Strahlenlose Kamille – *Matricaria discoidea* DC.

Die Schwarze Flockenblume – *Centaurea nigra* L. und die Kornblume – *Centaurea cyanus* L. gehören zur Unterfamilie Cichorioideae, die Köpfchen haben entweder nur Zungen- oder Röhrenblüten und die Pflanzen enthalten häufig Milchsaft.

Die Pflanzen, die in ihrem Aufbau den oben aufgeführten ähneln, sollten wie nachstehend beschrieben behandelt werden:

Der Blütenstandsboden muss behutsam auf das Papier gedrückt werden, sodass er nach Möglichkeit für kurze Zeit haften bleibt. Dies lässt sich leichter erreichen, wenn man den Stängel kurz hinter dem Blütenstandsboden mit dem Fingernagel einritzt. Nur so lässt sich gewährleisten, dass die häufig vorkommenden, außen stehenden Zungenblüten nicht nach innen auf die mittig stehenden Röhrenblüten gedrückt werden. Die zentral stehenden Röhrenblüten sollten vor dem Pressen auf ihre Feuchtigkeit überprüft werden, um gegebenenfalls ein Küchenpapier zusätzlich unterzulegen. Des Weiteren ist darauf zu achten, dass die Blätter korrekt gepresst werden. Die Blätter müssen, auch wenn sie sperrig sind, am Stängel bleiben.

In der Regel vertragen alle oben angeführten und dem Erscheinungsbild entsprechenden Pflanzen einen hohen Druck, wenn man die richtige Lage der Pflanzen beachtet. Vorsichtiger ist bei blau blühenden *Asteraceae*, wie z. B. der Kornblume, zu verfahren, da ein konstant zu hoher Druck ein Verblassen der Farbe zur Folge hat und die Pflanze nicht mehr dem natürlichen Aussehen entspricht. Bei diesen Präparaten ist es empfehlenswert einen hohen Anfangsdruck zu wählen, diesen aber nach dem ersten, spätestens aber nach dem zweiten Tag deutlich zu verringern.

Auf eine Besonderheit des Huflattichs sei hier noch hingewiesen. Der Blütenstand erscheint einige Wochen, bevor die Blätter ausgebildet werden. Denken Sie also beim Sammeln des Blütenstands daran, dass Sie nach einiger Zeit nochmals zurückkehren, um eine zweite Pflanze mit Blättern und Früchten zu sammeln, die Sie auf einem zweiten Herbarbogen montieren müssen, da das Sammeldatum und möglicherweise auch der Fundpunkt ein anderer ist. Beide Fundstellen müssen notiert werden.

Eine weitere Trocknungsgruppe bilden solche *Asteraceae*, die einen massigen Gesamtblütenstand besitzen. Hierzu zählen:

- Wiesen-Schafgarbe – *Achillea millefolium* L.,
- Sumpf-Schafgarbe – *Achillea ptarmica* L.,
- Rainfarn – *Tanacetum vulgare* L.,
- Trugdoldiges Habichtskraut – *Hieracium cymosum* L. (gehört ebenfalls zu den *Cichorioideae*)

Bei diesen Exemplaren bereitet der Gesamtblütenstand mit seinen zahlreichen Einzelblütenständen (Köpfchen) einige Probleme. In der Regel gelingt es nicht, ein optimales Ergebnis zu erzielen, da sich die Blütenstände überlagern. Somit ist ihr Aufbau nicht mehr eindeutig ersichtlich, und es kommt leicht zur Braunfärbung. Das lässt sich nur schwer verhindern, jedenfalls sollte man den Aufbau der Blütenstandsregion nicht durch Entfernen von Blütenständen entstellen. Es bleibt nur der Versuch, die einzelnen Blütenstandsstiele so weit wie möglich auseinanderzubiegen, ohne sie zu zerbrechen. Da es weit verbreitete, häufige Pflanzen sind, sammelt man am besten mehrere, um genügend Möglichkeiten zum Trocknen und Arrangieren zu haben. Für das Arrangieren der Blüten und Blätter gilt das Gleiche, wie für die zuerst vorgestellten *Asteraceae*. Das Papier muss im Gegensatz dazu öfter gewechselt werden. In den ersten drei Tagen sind die Papierlagen täglich zu erneuern, danach alle zwei Tage.

Ein besonderes Problem ergibt sich bei den stacheligen Vertretern der *Asteraceae*, den Disteln. Auch sie gehören zu den Cichorioideae, da in den Köpfchen nur Röhrenblüten stehen. Beim

Sammeln und späteren Pressen sind praktischerweise Handschuhe zu tragen, um unangenehmen Verletzungen vorzubeugen. Betrachtet man sich in einem Buch oder in einem schon erstellten Herbarium die verschiedenen Distel-Arten, so ist leicht ersichtlich, warum die Disteln so schwierig zu pressen sind. Die meisten besitzen einen sehr dicken Stängel, auf dem sich ein ebenso massiver Blütenstand befindet. Die Blätter, häufig ebenfalls mit Stacheln besetzt, tragen nicht dazu bei, den Pressvorgang zu erleichtern, da sie stängelumfassend und sehr sperrig sein können. Folgende Tipps helfen, das Problem zu lösen:

- Wie bei den *Apiaceae* sollte der Stängel der Länge nach halbiert werden.
- Weiterhin kann man auch den Blütenstand halbieren. Hierbei muss aber sehr vorsichtig gearbeitet werden, da der Blütenstand sehr empfindlich ist und zum Zerfallen neigt. Um dieses Risiko zu vermindern, ist der Blütenstand nicht exakt in der Mitte zu halbieren, sondern nur ein Stück vom Rand durchzuschneiden. Da der innere Teil des Blütenstands feuchter sein kann, empfiehlt es sich ein zusätzliches Küchenpapier unterzulegen.
- Zu Beginn des Pressvorgangs ist ein hoher Druck notwendig, der nach drei bis vier Tagen vermindert werden muss, um die Beständigkeit der Blütenfärbung zu gewährleisten.

Die verbreitetsten Distel-Arten unter den *Asteraceae* sind:

- Weg-Distel – *Carduus acanthoides* L.,
- Krause Distel – *Carduus crispus* L.,
- Acker-Kratzdistel – *Cirsium arvense* (L.) Scop.,
- Gewöhnliche Kratzdistel – *Cirsium vulgare* (Savi) Ten.

Balsaminaceae – Balsmaninengewächse

Die heimatlichen *Balsaminaceae* finden sich im Sommer vor allem an feuchten Standorten wie entsprechenden Waldwegrändern oder Uferrändern. Da ihre Blüte entfernt an Orchideen erinnert, ist eine einfache Identifizierung gut möglich. Sowohl die Garten-Balsamine (*Impatiens balsamina* L.) als auch das Indische Springkraut (*Impatiens glandulifera* ROYLE) sind durch ihre Größe geeignete Sammelobjekte. Im Wald finden sich das eingeschleppte Kleine Springkraut (*Impatiens parviflora* DC) und das einheimische Große Springkraut (*Impatiens noli-tangere* L.). Der Name Springkraut kommt vom explosiven Aufplatzen der Früchte. Die Pflanzen sind sehr empfindlich gegen Trockenheit (Standort!). Deshalb welken sie sehr rasch und müssen schnellstens verarbeitet werden, am besten am Fundort. Sonst hat man Probleme, die Blätter sauber auszubreiten und die Blüten so anzuordnen, dass sie bestimmbar sind. Die Blüten müssen vorsichtig auf einem zusätzlichen Küchen- oder Löschpapier platziert werden, damit sie nicht durch Zeitungspapier beschädigt werden. Demzufolge ist auch der Druck niedrig zu wählen, um die Blüten so gut es geht vor schädigenden Einflüssen zu bewahren. Als Konsequenz aus dieser Notwendigkeit muss das Papier in der ersten Woche unter aller Behutsamkeit täglich gewechselt werden. Da die Objekte durch diese besondere Behandlung nie so starr werden wie andere getrocknete Pflanzen, muss die Restfeuchte regelmäßig kontrolliert werden.

Betulaceae – Birkengewächse

Zu den für eine Region typischen Blütenpflanzen zählen neben krautigen Pflanzen auch Bäume und Sträucher. Bei den *Betulaceae*, ebenso wie bei anderen Bäumen, ist es deshalb wichtig, die Blüte und einige Blätter an einem Zweig zu sammeln. Zur Unterscheidung der einzelnen Arten sind diese beiden Charakteristika meist vollkommen ausreichend, sodass man nicht noch zusätzlich auf die Eigenschaften des Baumstammes angewiesen ist. Man findet Birken an vielen Standorten, wie Weg- und Straßenrändern oder in der Heide bzw. in Bruchwäldern, Erlen an Bächen. Die Blüteperiode der *Betulaceae* reicht von April bis Mai. Bei den *Betulaceae* befinden sich männliche und weibliche Blütenstände auf derselben Pflanze, sie sind einhäusig. In der Regel muss in einem Herbarium nicht angegeben werden, ob es sich um männliche oder weibliche Blütenstände handelt, sodass auch hier ein Zweig mit den beiden Blütenständen (die männlichen hängend, die weiblichen aufrecht) und einigen Blättern ausreichend ist. Der Druck kann niedrig gewählt werden, da sowohl Blütenstand als auch Blatt trotz des mitunter feuchteren Fundortes keine erhöhte Feuchtigkeit besitzen. Die Pressdauer beträgt in der Regel nur drei bis vier Tage. In Deutschland zu sammelnde *Betulaceae* sind:

- Hängebirke – *Betula pendula* ROTH,
- Moorbirke – *Betula pubescens* EHRH.,
- Schwarzerle – *Alnus glutinosa* L.GAERTN.,

Um an Heuschnupfen leidenden Pflanzensammlern die Möglichkeit zu geben, ebenfalls diese im frischen Zustand hochallergenen Blüten in ihrem Herbarium verewigen zu können, sollte man einige Objekte mehr sammeln und diese zur Verfügung stellen.

Boraginaceae – Raublattgewächse

Unter den *Boraginaceae* findet man Pflanzen, die alle durch eine mehr oder weniger stark ausgeprägte Behaarung der Blätter und des Stängels gekennzeichnet sind. In Färbung und Größe der Blüten können sich die einzelnen Vertreter jedoch erheblich unterscheiden. Der bekannteste Vertreter ist sicherlich das Ackervergissmeinnicht (*Myosotis arvensis* (L.) HILL.), welches vielen noch aus der Kindheit ein Begriff sein dürfte. Arzneilich verwendet wird das Lungenkraut (*Pulmonaria officinalis agg.*) als Teebestandteil bei Hustenreiz. Borretsch (*Borago officinalis* L.), im Volksmund auch Gurkenkraut genannt, findet vielfache Verwendung als Gewürz. Wie schon eingangs erwähnt differieren die *Boraginaceae* unter anderem auch in der Größe ihrer Blüten mit daraus resultierenden unangenehmen Eigenschaften für das spätere Pressen. Die Blüte des Borretschs lässt sich einfach auf ein Papier drücken und kann somit einfach bei mittlerem Druck gepresst werden. Das Papier sollte in den ersten beiden Tagen gewechselt werden, im weiteren Verlauf ist es ausreichend, nach jedem zweiten Tag die Papierlagen zu erneuern. Das Echte Lungenkraut (einige nähere Verwandte stehen wegen ihrer Seltenheit unter Naturschutz) hat einen dichten Blütenstand, einen so genannten Wickel. Die Einzelblüten sind langröhrig und kaum sinnvoll in der Aufsicht zu pressen, da das Innere nicht sichtbar wird. Besser ist es, eine Einzelblüte – möglichst von einem zweiten Blütenstand derselben Pflanze – mit einer scharfen Rasierklinge oder einem scharfen Messer zu Hause längs aufzuschneiden, aufzuklappen und vorsichtig zu pressen. Da die Lungenkräuter heterostyl sind, d. h. sie haben verschieden lange Griffel und unterschiedlich angeordnete Staubbeutel, ist es interessant, eine zweite Pflanze beim Sammeln auszuwählen, die die anderen Merkmale hat. Man kann sie daran unterscheiden, dass der Griffel mit der Narbe bei der einen Blütensorte sichtbar ist, bei der anderen nicht. Bei den Lungenkräutern empfiehlt sich über einen Zeitraum von drei Tagen ein hoher Anfangsdruck, der mit einem täglichen Papierwechsel verbunden ist. Danach sollte der Druck deutlich verringert werden, um die Blütenfärbung zu erhalten. Die Zeitungslagen sind im weiteren Verlauf alle zwei Tage zu erneuern.

Die Blüten der Vergissmeinnicht-Arten lassen sich, bedingt durch ihre geringe Größe, nicht in der Aufsicht pressen. Ausnahmen stellen jedoch das Sumpfvergissmeinnicht (*Myosotis scorpi-*

oides agg.) und das Waldvergissmeinnicht (*Myosotis sylvatica* EHRH. ex HOFFM.) dar, deren Blüten ausreichende Ausmaße besitzen, um sie in der Aufsicht zu präsentieren. Das häufig vorkommende Ackervergissmeinnicht lässt sich, ebenso wie die anderen Vergissmeinnicht, nur im Profil pressen.

Mittlere Druckverhältnisse bei regelmäßiger Erneuerung der Papierlagen sind für ein gutes Pressergebnis wichtig.

Ein weiterer leicht zu bestimmender Vertreter der *Boraginaceae* ist der Echte Natternkopf (*Echium vulgare* L.). Beim Sammeln sollte man Handschuhe tragen, da die borstige Behaarung zu unangenehmen Einstichen führen kann. Die Blüten des Natternkopfes lassen sich, wie schon beim Vergissmeinnicht ausgeführt, nur im Profil pressen. Trotz der blau gefärbten Blüten sollte man bei dieser Pflanze einen hohen Druck zum Pressen wählen. Es ist ausreichend das Papier alle zwei Tage bis zur endgültigen Trocknung zu wechseln. Der Natternkopf ist ein Paradebeispiel dafür, wie eine getrocknete Pflanze nach der Fertigstellung aussehen kann. Der Stängel ist vollkommen starr und trocken, und die Blüten sind noch kräftig blau gefärbt.

Brassicaceae – Kreuzblütengewächse

Die für viele Herbarien obligaten *Brassicaceae* weisen eine eindeutige Charakteristik auf, die auch Neulingen offensichtlich ins Auge fallen. Neben der weit verbreiteten Fruchtform, der Schote, sind es vor allem die vier kreuzförmig angeordneten Blütenblätter, die eine Bestimmung vereinfachen. Da diese Pflanzenfamilie mehrere Dutzend in Deutschland beheimatete Vertreter umfasst, ist es nahezu unmöglich, nicht mindestens ein Objekt zu finden. Auch wenn in den Bestimmungsübungen mehrere *Brassicaceae* identifiziert werden mussten, die sich nicht unbedingt in den Herbarien wieder finden sollen, ist es leicht, andere Exemplare zu entdecken. Alle Kreuzblütengewächse weisen die Problematik der sehr empfindlichen Blütenblätter auf. Beim Sammeln sollte man darauf achten, die *Brassicaceae* zum Schluss zu sammeln, da sich die Blüten schnell schließen können. Des Weiteren ist es nicht ratsam, weitere Pflanzen auf die Blüten zu legen, um sie nicht unnötig zu beschädigen. Ist ein Kreuzblütengewächs als solches erkannt, ist ein sorgsames Überlegen durch Betrachten der Blütengröße und Beschaffenheit der Blütenblätter hilfreich. Einige Kreuzblütengewächse lassen sich nur mit sehr viel Mühe pressen und liefern trotz aller Sorgfalt und Anstrengung kein zufrieden stellendes Ergebnis. Dazu zählen nach meinen Erfahrungen vor allem die verschiedenen Senf-Arten, wie z. B. der Acker-Senf (*Sinapis arvensis* L.) und der schwarze Senf (*Brassica nigra* (L.) KOCH). Wesentlich problemloser gestaltet sich das Pressen hingegen bei folgenden *Brassicaceae*:

- Knoblauchsrauke – *Alliaria petiolata* (MB.) CAVARA & GRANDE,
- Weg-Rauke – *Sisymbrium officinale* (L.) SCOP.,
- Garten-Silberblatt – *Lunaria annua* L.,
- Wiesenschaumkraut – *Cardamine pratensis* L.,
- Gewöhnliches Hirtentäschel – *Capsella bursa-pastoris* (L.) MED.,
- Acker-Hellerkraut – *Thlaspi arvense* L.,
- Pfeilkresse – *Cardaria draba* (L.) DESV.,
- Schmalblättrige Doppelsame – *Diplotaxis tenuifolia* (L.) DC.

Da bei den meisten *Brassicaceae* mehrere Blüten geöffnet sind, erscheint es ratsam, mindestens eine Blüte sauber in der Aufsicht zu pressen, während weitere Blüten im Profil dargestellt werden. Auch hier lassen sich größere Blüten durch leichtes Einschlitzen auseinanderbiegen, sodass man einen Einblick in die Anordnung der Blütenbestandteil erhält. Entsprechend den Arbeitsschritten bei der Behandlung des Lungenkrautes (siehe *Boraginaceae*) verfährt man auch bei fast allen Kreuzblütlern. Im Unterschied dazu können bessere Ergebnisse durch zusätzliches Unterlegen eines Löschpapiers oder eines Küchenpapiers erzielt werden. Auch sollte die Einwirkung eines hohen Druckes auf maximal zwei Tage begrenzt werden. Die Papierlagen sind alle zwei Tage zu wechseln. Diese Methode empfiehlt sich bei allen Kreuzblütlern mit größeren Blüten. Vorsicht muss man bei rötlich oder blau gefärbten *Brassicaceae* walten lassen. Wie schon bei anderen Familien können die Farben verblassen, lässt man hohe Druckverhältnisse über einen zu langen Zeitraum einwirken. Bei Pflanzen mit kleineren Blüten ist es nahezu unmöglich auch nur eine einzige Blüte so zu arrangieren, dass sie für einen kurzen Moment auf der Papierlage haften bleibt. Unsere Versuche ergaben jedoch, dass bei mehreren offen stehenden Blüten meist zwangsläufig ein Exemplar eine Blüte in der Aufsicht aufwies. Seien Sie nicht enttäuscht, wenn sich eine Blüte nicht optimal präparieren lässt, sondern experimentieren Sie einfach mit zwei oder drei Exemplaren. Eines zeigt im Verlauf des Pressvorgangs das gewünschte Ergebnis.

Achten Sie auf den Standort der von Ihnen ausgewählten *Brassicaceae*. Mitunter müssen die voran stehenden Hinweise modifiziert werden, da einige Vertreter dieser Familie sehr feuchte Bedingungen bevorzugen. Dementsprechend müssen Pressdruck und vor allem die Pressdauer verändert werden.

Buddlejaceae – Sommerfliedergewächse

Eine einfache Ergänzung eines Herbariums ist der Sommerflieder (*Buddleja davidii* FRANCH.), der einzige heimische Vertreter dieser Familie, da er fast überall in den Sommermonaten anzutreffen ist. Da es sich um eine verwilderte Zierpflanze handelt, sollte vorher beim zuständigen Betreuer nachgehört werden, ob diese Pflanzen gesammelt werden dürfen. Es handelt sich um eine bis zu fünf Meter große Pflanze mit bis zu 25 cm großen, in Rispen stehenden

Blütenständen. Schneiden Sie lieber etwas kleinere Exemplare ab. Der Stängel ist der Länge nach zu halbieren. Sie erhalten also aus einem Exemplar zwei zu pressende Objekte. Die Pflanze lässt sich bei mittlerem Druck sehr gut innerhalb von zwei Wochen trocknen. Die Papierlagen sind in den ersten fünf Tagen zweimal zu wechseln. Danach nur noch einmal täglich. So gewährleisten Sie, dass sich der Blütenstand nicht braun färbt.

Campanulaceae – Glockenblumengewächse

Die *Campanulaceae* lassen sich in zwei Gruppen einteilen. Zum einen die Exemplare mit eindeutig glockenförmigen Blüten (*Campanula*) und zum anderen die Teufelskrallen (*Phyteuma*) mit ährigen Blütenständen. Aus diesen Blütenständen ergeben sich unterschiedliche Behandlungsmethoden. Während eine gute Pressung in der Aufsicht für die glockenförmigen Vertreter nahezu unmöglich ist, bereiten die ährigen Pflanzen keine Probleme. Um dennoch gute Ergebnisse zu erzielen, empfehlen sich folgende Vorgehensweisen:

• Man sammelt zwei Exemplare der jeweiligen Art und behandelt sie auf unterschiedliche Weise. Die eine Pflanze wird wie üblich in der Presse gepresst, um eine Profilansicht zu erhalten. Beim zweiten Exemplar schlitzt man die glockenförmige Blüte an einer Stelle senkrecht auf und breitet sie vorsichtig auf einem Blatt aus. Danach legt man behutsam die nächste Lage Papier auf.

• Diese Vorgehensweise ermöglicht ein bestmögliches Ergebnis für diese schwierig zu präparierende Blütenform und kann auch bei ähnlichen Blütenständen zum Erfolg führen. Der Druck sollte nicht zu stark gewählt werden, da die aufgeschlitzten Blüten sehr empfindlich sind und durch zu hohe Druckverhältnisse beschädigt werden könnten. Ebenso verhält es sich mit der meist blauen Blütenfarbe, die bei hohem Druck sehr schnell verblasst. Das Trocknungsmaterial ist in den ersten drei Tagen täglich zu wechseln. Danach ist bis zum endgültigen Trocknungszustand ein Zweitage-Intervall sinnvoll. Typische Vertreter sind:

- Rundblättrige Glockenblume – *Campanula rotundifolia* L.,
- Ackerglockenblume – *Campanula rapunculoides* L.

Wesentlich unproblematischer in der Pressung sind die *Campanulaceae* mit ährigen Blütenständen. Die gesamte Pflanze kann, unter Berücksichtigung der üblichen Parameter, einfach in die Presse oder zwischen Bücher gelegt werden und gepresst werden. Wie schon bei den glockenförmigen Vertretern sind aufgrund der bläulichen bis lila Blütenfärbung sehr hohe Druckverhältnisse zu vermeiden. Die oben genannten Trocknungsvorschriften gelten auch für die Exemplare mit ährigen Blütenständen. Verbreitete Vertreter sind:

- Ährige Teufelskralle – *Phyteuma spicatum* L.,
- Schwarze Teufelskralle – *Phyteuma nigrum* F.W. SCHMIDT.

Cannabaceae – Hanfgewächse

Die einzige einheimische *Cannabaceae* ist der Hopfen (*Humulus lupulus* L.). Auf einigen Äckern lässt sich auch Hanf (*Cannabis sativa* L.) antreffen, doch handelt es sich dabei um Kulturpflanzen, die mit besonderer Erlaubnis angebaut werden dürfen und nicht der Herstellung von Rauschdrogen dienen. Nehmen Sie davon Abstand, solche Exemplare zu sammeln, um sich nicht in eine verfängliche Situation zu bringen.

Hopfen findet man nicht nur angebaut, sondern auch in Auwäldern und Gebüschen, vorzugsweise an Stellen, die die Möglichkeit bieten sich emporzuwinden. Beim Hopfen befinden sich männliche und weibliche Blüten auf getrennten Pflanzen, er ist zweihäusig. Diese Tatsache lässt sich gut zur Anfertigung eines Herbariums ausnutzen, da zwei Exemplare gesammelt werden können. Die männlichen Blüten bilden rispige Blütenstände, die weiblichen ährige Blütenstände. Der Pressvorgang ist sehr einfach. Unter einem hohen Druck belässt man die Exemplare zwei bis drei Tage in der Presse, bei täglichem Papierwechsel. Danach kann der Druck etwas reduziert werden und das Wechseln des Papiers alle zwei Tage erfolgen. Der Hopfen ist meist innerhalb einer Woche so weit getrocknet, dass Sie ihn Ihrem Herbarium zufügen können.

Caprifoliaceae – Geißblattgewächse

Bei den *Caprifoliaceae* findet man vorwiegend Sträucher und Bäume. Die bekanntesten Vertreter sind:

- Gewöhnlicher Schneeball – *Viburnum opulus* L.,
- Wolliger Schneeball – *Viburnum lantana* L.,
- Schwarzer Holunder – *Sambucus nigra* L.
- Deutsches Geißblatt – *Lonicera periclymenum* L.

Aus diesem Umstand ergeben sich für ein Pressen der Pflanze bzw. der Blüten einige Probleme. Zum einen stehen die Zweige und zum anderen die dichten Blütenstände einem einfachen Pressvorgang im Wege. Deshalb empfiehlt es sich, nur Blütenstände zu sammeln, die auf jungen und damit dünnen Zweigen sitzen. Die Blütenstände sollen in ihrer Gesamtheit gepresst werden, woraus sich eine intensive Pflege des gesammelten Materials ergibt. Die Pflanzen müssen bei mittlerem Druck gepresst werden, da sich bei zu hohem Druck die Exemplare schnell bräunlich färben, bei zu geringem Druck jedoch schnell zu schimmeln beginnen. Das verwendete Zeitungspapier sollte nicht zu farbig sein, da die Druckerfarben gerade bei den *Caprifoliaceae* zu negativen Ergebnissen führen können. Die Pflanzen sollten in ein Sandwich von Löschpapier eingebettet werden, wobei das Löschpapier seinerseits von einer doppelten Lage Zeitungspapier zum nächsten Exemplar abgegrenzt wird. Weiterhin sollten nicht mehr als zwei Pflanzen in einer Lage und maximal vier Pflanzen zwischen den Einlegeböden oder Büchern gepresst werden, da sich nur so zufrieden stellende Ergebnisse erzielen lassen. In den ersten vier Tagen muss das Papier mindestens zweimal gewechselt werden, um ein optimales Ergebnis zu erhalten. Danach kann man auf einmal täglich bis zur endgültigen Trocknung reduzieren. Eine Endkontrolle des Trocknungszustandes ist unerlässlich, da selbst geringe Restfeuchte das spätere Aussehen der Pflanze nachteilig beeinflusst. Dazu nimmt man die Blüte zwischen Daumen und Zeigefinger und drückt mit mittlerem Druck die Finger zusammen. Dabei darf nicht die geringste Feuchtigkeit zu spüren sein. Nur unter diesen Bedingungen erhält man ein einwandfreies Ergebnis.

Von Erfolg gekrönt waren Versuche, den Blütenstand abzutrennen und getrennt von den Blättern zu pressen.

Caryophyllaceae – Nelkengewächse

Die Familie der *Caryophyllaceae* umfasst eine Vielzahl unterschiedlicher Pflanzen, die dem/der Studenten/-in jede auf ihre eigene Art Probleme bereiten können. Auf der einen Seite gibt es Arten mit sehr empfindlichen Blüten wie das Seifenkraut, zum anderen gibt es Arten mit sehr kleinen Blüten, wie sie hauptsächlich bei den verschiedenen Mieren oder Mastkräutern zu finden sind. Daneben existieren noch zahlreiche geschützte Pflanzen, die man auf jeden Fall vorher in einem illustrierten Buch betrachten sollte.

Bei den kleinblütigen Formen z. B. aus den Gattungen Sternmiere (*Stellaria*), Hornkraut (*Cerastium*), Sandkraut (*Arenaria*) u. a. ist es zwar nicht schlecht, wenn man eine Aufsicht auf die Blüten hat. Wichtiger zum Bestimmen ist ein seitlicher Blick auf die Kelchblätter (Behaarung, Hautrand) und auf den Fruchtknoten bzw. die Frucht mit der Anzahl der Griffel. Das ist beim Pressen erreichbar, da die große Anzahl der Blüten eine Präparation einiger ermöglicht. Wenn Sie Kelch- und Blütenblätter auf einer Seite mit einer Präpariernadel oder einer Pinzette heruntergedrückt haben und so halten, können Sie oder eine zweite Person die zweite Papierlage daraufpressen, damit die hergestellte Präparation erhalten bleibt. Dem Prüfer ist dann eine korrekte Beurteilung möglich.

Vorsicht ist bei den vermeintlich großen und damit einfachen Blüten geboten. Da die meisten Blütenblätter hauchzart sind, ist man schon beim Sammeln und Transportieren der Pflanze zu äußerster Sorgfalt verpflichtet. So sollten *Caryophyllaceae* immer obenauf liegen, damit die Blüten beim späteren Entnehmen aus dem Vorratsgefäß nicht abreißen und die Mühe vergeblich war. Mit dieser Transportweise verhindert man zusätzlich ein schnelles Schließen der Blüten, wozu gerade die Nelkengewächse neigen.

Wie sich aus den vorangegangenen Beschreibungen schon schließen lässt, müssen *Caryophyllaceae* in den oberen Bereichen der Presse bzw. bei geringem Druck getrocknet werden, da nur so die Unversehrtheit der Blüten gewährleistet werden kann. Das Papier sollte täglich gewechselt werden. Selbst beim Wechseln der Papierlagen können die Pflanzen noch Schaden nehmen. Daher muss die an der Pflanze haftende Lage vorsichtig angehoben und abgezogen werden. Dabei kann eine Pinzette sehr hilfreich sein, um auch die empfindlichen Blütenblätter unversehrt lösen zu können. Der Trocknungszustand ist in der Regel dann erreicht, wenn die Pflanze nicht mehr am Zeitungspapier kleben bleibt. Zur Sicherheit kann man sie bei nur geringem Druck noch ein bis zwei Tage zusätzlich trocknen. Relativ einfach zu pressende und zu bestimmende Pflanzen sind im Folgenden aufgelistet:

- Echtes Seifenkraut – *Saponaria officinalis* L.,
- Nickendes Leimkraut – *Silene nutans* L.,
- Weiße Lichtnelke – *Silene latifolia* POIRET,
- Rote Lichtnelke – *Silene dioica* (L.) CLAIRV.,
- Wasserdarm – *Myosoton aquaticum* (L.) MOENCH,
- Große Sternmiere – *Stellaria holostea* L.

Das Nickende Leimkraut und die Weiße Lichtnelke öffnen ihre Blüten nicht in der Sonne, eher bei trüber Witterung oder in der Dämmerung, sodass die Blüten wie verwelkt aussehen. Die Weiße und die Rote Lichtnelke sind zweihäusige Pflanzen, d. h. auf einer Pflanze ist nur eine Sorte Blüten, entweder männlich oder weiblich. Im Gelände ist das an der Dicke des Kelches zu erkennen. Öffnen Sie mit einem Längsschnitt durch den Kelch die Blüte und breiten sie aus, um das Innere der Blüte zu zeigen. Der Wasserdarm wird nach der Standardliste zu der Gattung *Stellaria* gestellt, was aber nicht in allen Bestimmungsbüchern nachvollzogen wird. Die Wasserdarmpflanzen welken schnell.

Chenopodiaceae – Gänsefußgewächse

Die Gänsefußgewächse sind weit verbreitet, wobei einige Arten aus dem Mittelmeerraum oder aus Südamerika eingeschleppt wurden. Die Blüten der *Chenopodiaceae* stehen in kleinen Knäueln oder Rispen. Es ist darauf zu achten, dass die Blüten auch wirklich geöffnet sind, was sich durch die herausstehenden Fruchtblätter überprüfen lässt. Man findet die Vertreter dieser Familie häufig auf Äckern, Ödland und Schuttplätzen. Das Pressen gestaltet sich, ähnlich wie bei den *Amaranthaceae*, relativ einfach, da auch die Gänsefußgewächse problemlos einen hohen Druck vertragen. Die Papierlagen sind in den ersten zwei bis drei Tagen täglich zu wechseln, danach im Zweitagerhythmus. Auf die Lage der Blätter ist zu achten, da diese beim Transport schon welken und demzufolge richtig platziert werden müssen. Beispielpflanzen sind:

- Spreizende Melde – *Atriplex patula* L.,
- Weißer Gänsefuß – *Chenopodium album* L.,
- Stinkender Gänsefuß – *Chenopodium vulvaria* L.,
- Guter Heinrich – *Chenopodium bonus-henricus* L.

Die beiden letzten Pflanzen sind alte Dorf-Ruderalpflanzen und heute selten geworden

Cichoriaceae – Zichoriengewächse

Die Familie wird neuerdings wieder als Unterfamilie *Cichorioi-deae* zu den Korbblütlern – *Asteraceae* gestellt. Zu ihr rechnet man alle Korbblütler, die nur eine Sorte Blüten im Blütenstand enthalten, entweder Röhrenblüten wie bei den Disteln (bei den *Asteraceae* besprochen) oder nur Zungenblüten wie bei den vielen Habichtskräutern (*Hieracium*), den Pippau-Arten (*Crepis*), den Löwenzahn-Arten (*Leontodon* oder *Taraxacum*) u. a. m. Sie enthalten Milchsaft (nicht ätzend), haben meistens gelbe Blüten, sehen einander deshalb ähnlich, und es bedarf eines genauen Hinsehens, um die Gattungen oder Arten zu bestimmen. Dazu benötigt man häufig die Grundblätter, die deshalb mitgesammelt werden müssen, also die Pflanze unter der Erde abschneiden, und die Früchte, die man zweckmäßigerweise, damit sie nicht wegflie-gen, in einer kleinen Tüte vor dem Abschneiden einsammelt (s. o. bei Korbblütlern). Zwei bekannte Vertreter der Unterfamilie sind weit verbreitet. Zum einen der gemeine Löwenzahn (*Taraxacum officinale* L.) und die gemeine Wegwarte (*Cichorium intybus* L.). Der Löwenzahn kann bei hohem Druck gepresst werden. Die Zeitungslagen sind in der ersten Woche täglich zu wechseln, erst in der zweiten Woche kann das Intervall verlängert werden. Der Löwenzahn (*Taraxacum officinale* L.) bildet ein Aggregat, d. h. eine große Anzahl von Kleinarten, die nur schwer zu bestimmen sind (Schlüssel und Abbildungen in Bd. 4 von *Rothmaler*). Für spätere Bestimmungen ist es wichtig, dass Früchte erhalten sind und der Blütenstand nicht in Aufsicht gepresst wurde, sondern in der Seitenansicht, da wichtige Merkmale an den Hüllblättern zu erkennen sein müssen.

Die Wegwarte ist weitaus schwieriger mit Erfolg zu transportieren und zu pressen. Da die Blüten sich nach dem Sammeln sehr schnell schließen, ist es notwendig, auf dem schnellsten Wege nach Hause zurückzukehren und direkt mit dem Pressen zu beginnen. Die Pflanzen dürfen nur bei geringem Druck gepresst werden. Weiterhin empfiehlt es sich, die Blüten durch eine Lage Küchenpapier abzusichern. Dies kann entfallen, wenn Löschpapier benutzt wird. Ähnlich wie bei den *Caryophyllaceae* sollte das Wechseln der Papierlagen ganz vorsichtig geschehen.

Zur Auswahl der Beispiele sei an dieser Stelle besonders auf die entsprechenden Bestimmungsbücher hingewiesen.

Colchicaceae – Zeitlosengewächse

Die beiden in Deutschland beheimateten Zeitlosengewächse, die früher zu den Liliengewächsen gerechnet wurden, sind die in Gärten angepflanzte, aber auch draußen in der Natur auf feuchten Wiesen häufige, giftige Herbstzeitlose (*Colchicum autumnale* L.) und die seltene, geschützte Lichtblume (*Bulbocodium vernum* L.). Im Unterschied zu den echten Liliengewächsen besitzen sie unterirdisch Knollen und keine Zwiebeln.

Die Herbstzeitlose ist ein gutes Beispiel für angepflanzte, aber sammelbare und damit verwertbare Exemplare. Im Herbst erscheint nur die Blüte, Blätter und Früchte kommen erst im Frühjahr heraus. Die Blüten sind relativ empfindlich und müssen daher bei nur geringem Druck gepresst werden. Beim Wechseln des Papiers ist dieselbe Vorsicht wie bei den voranstehenden *Cichoriaceae* oder *Caryophyllaceae* geboten. Ein Wechseln der Lagen ist in der ersten Woche täglich durchzuführen. Sollte die Pflanze dann noch nicht trocken sein, kann man im Zweitagerhythmus weitertrocknen. Sowohl beim Sammeln als auch beim späteren Pressen sollten Handschuhe getragen werden. Ist dies beim Pressen nicht möglich, sind die Hände danach gründlich zu waschen!

Convallariaceae – Maiglöckchengewächse

Auch diese Familie stellte man früher zu den Liliengewächsen, nach den heutigen Erkenntnissen gehört sie in eine andere Ordnung. Auch wenn das bekannte Maiglöckchen (*Convallaria majalis* L.) im Frühjahr in vielen Vorgärten anzutreffen ist, sollte auf das Sammeln für ein abzugebendes Herbarium verzichtet werden, da man nicht beweisen kann, dass die Pflanze aus eigenem Anbau stammt. Es spricht jedoch nichts dagegen, für ein eigenes Herbarium ein Exemplar anzufertigen. Da man die Pflanze zum Erhalt des Erscheinungsbildes im Ganzen pressen sollte, ist zwischen Blüten und den sehr großen, bis an die Blüten reichenden Blätter eine Lage Küchenrollenpapier zu legen. Der Druck sollte nicht zu hoch gewählt werden. Das Zeitungspapier muss täglich gewechselt werden, wobei immer auf die empfindlichen, glockenförmigen Blüten zu achten ist. Der Trocknungszustand der Blätter ist gegen Ende der Pressung unbedingt zu kontrollieren, da es auch bei geringer Restfeuchte immer noch zur Braunfärbung kommen kann. Weitaus einfacher sind dagegen andere Vertreter dieser Familie zu handhaben. Die Weißwurz-Arten und das

Salomonssiegel besitzen schmutzig-weiße gestielte Blüten, die in den Blattachseln sitzen. Sie liefern bei mittlerem Druck und täglichem Wechsel der Papierlagen gute Ergebnisse. Dabei muss jedoch vorsichtig vorgegangen werden, damit die nur locker am Stängel befestigten Blüten leicht abfallen können. Wie später noch bei den *Juglandaceae* und *Malvaceae* erwähnt, können einzelne abgefallene Blüten zur besseren Darstellung des Blütenaufbaus zusätzlich neben der Gesamtpflanze befestigt werden. Die Blätter der hier erwähnten Pflanzen werden meist nicht ganz starr, obwohl sie getrocknet sind. Um die Exemplare nicht unnötigerweise den gegebenen Druckverhältnissen über das Notwendige hinaus auszusetzen, ist eine Kontrolle des Trocknungszustandes unbedingt regelmäßig durchzuführen. Die botanischen Bezeichnungen lauten:

- Quirlblättrige Weißwurz – *Polygonatum verticillatum (*L.) ALL.,
- Vielblütige Weißwurz – *Polygonatum multiflorum (*L.) ALL.,
- Salomonssiegel – *Polygonatum odoratum* (MILL.) DRUCE.

Convolvulaceae – Windengewächse

Die Windengewächse zeichnen sich durch ihre trichterartigen, àn Trompeten erinnernde Blüten aus. Wie der Familienname schon vermuten lässt, handelt es sich um Pflanzen, die sich vorwiegend an Zäunen oder anderen Pflanzen emporwinden. Im Garten sind sie häufig unerwünscht und lästig, da sie immer wieder austreiben und relativ schnell im Wuchs sind. Die Vertreter der *Convolvulaceae* sind in Bezug auf ihre Blüten problematisch zu pressen, da sich eine Aufsicht einer intakten Blüte nur schwer erreichen lässt. Von daher sollte man die Blüte an einer Stelle vom Blütenrand bis zum Blütenstandsboden senkrecht einschneiden und dann vorsichtig auf eine Lage Zeitungspapier platzieren, wie schon bei Familien mit langröhrigen Blüten beschrieben (*Boraginaceae*). Bei dieser Familie empfiehlt sich besonders die Teamarbeit. Während einer die Blüte in Position bringt, kann die zweite Person das Papier auflegen. Die Pflanzen benötigen nur in den ersten zwei bis drei Tagen neues Papier. Danach kann nach den allgemeinen Regeln vorgegangen werden. Die am weitesten verbreiteten Vertreter der Windengewächse sind:

- Gewöhnliche Zaunwinde – *Calystegia sepium* (L.) R. Br.,
- Ackerwinde – *Convolvulus arvensis* L.

Corylaceae – Haselgewächse

Wie bei den *Betulaceae* handelt es sich bei der Familie der *Corylaceae*, also der Haselgewächse, um Bäume. Die bekanntesten Gewächse sind:

- Haselnuss – *Corylus avellana* L.,
- Hainbuche – *Carpinus betulus* L.

Da es sich um Bäume handelt, sollten nur junge Zweige mit den daran anhaftenden Blüten und Blättern abgeschnitten werden. Das Trocknen gestaltet sich einfach, da die Blüten und Blätter einem hohen Druck ausgesetzt werden können, ohne Schaden zu nehmen. Die Papierlagen müssen nur alle zwei Tage gewechselt werden. Nach einer Woche sind die Exemplare in der Regel ausreichend getrocknet.

Um an Heuschnupfen leidenden Pflanzensammlern die Möglichkeit zu geben, ebenfalls diese im frischen Zustand hochallergenen Blüten in ihrem Herbarium verewigen zu können, sollte man einige Objekte mehr sammeln und diese zur Verfügung stellen.

Crassulaceae – Dickblattgewächse

Die sammelbaren Dickblattgewächse stehen vielfach unbemerkt am Weges- oder Uferrand. An ihrem jeweiligen Standort sind sie meist in größeren Gruppen anzutreffen. Vorsicht ist geboten, da es bei dieser Familie einige geschützte Arten gibt und somit die entsprechenden Gesetze beachtet werden müssen. Während die kleinen und fast schon unscheinbaren Mauerpfeffer-Arten (*Sedum*) gesammelt werden können, sind sämtliche bei uns beheimateten Hauswurze (*Sempervivum*) geschützt. Das Pressen ist trotz der kleinen Blüten sehr einfach und nicht zeitintensiv. Die Blüten der Mauerpfeffer-Arten (*Sedum*) stehen meist in rispigen Blütenständen. Aufgrund der geringen Größe der Einzelblüten ist ein sorgsames Platzieren der Einzelblüten nicht möglich. So muss der Blütenstand in seiner Gesamtheit gepresst werden. Es lassen sich trotzdem gute Ergebnisse erzielen, wenn man die Pflanzen bei leichtem bis mittlerem Druck presst. Die Papierlagen sind nur einmal täglich zu wechseln. In der Regel ist der Trocknungsprozess nach ca. einer Woche abgeschlossen. Das gilt nur für die Blütenstände, die Blätter sind sukkulent, sie enthalten Wasser, es dauert deshalb lang, bis sie getrocknet sind. Zum Abtöten der Zellen und Abkürzen des Trocknens kann man versuchen, sie vor dem Trocknen tiefzugefrieren oder kurzzeitig in kochendes Wasser zu tauchen. Dann ist aber die Form zerstört. Auf diese Weise können folgende Dickblattgewächse gepresst werden:

- Weißer Mauerpfeffer – *Sedum album* L.,
- Milder Mauerpfeffer – *Sedum sexangulare* L.,
- Scharfer Mauerpfeffer – *Sedum acre* L.

Die beiden letztgenannten Mauerpfeffer lassen sich auf den ersten Blick nur schwer unterscheiden. Kaut man auf den Pflanzen etwas herum, so schmeckt der Scharfe Mauerpfeffer scharf, während der Milde Mauerpfeffer keinen Geschmack zeigt. Schlucken Sie die Pflanzenteile aber nicht herunter, da der Scharfe Mauerpfeffer sehr geringe Mengen an Alkaloiden enthält. Wer nicht kauen will, schaut sich mit einer Lupe die Blätter an, die beim Milden Mauerpfeffer einen kleinen Sporn am Blattgrund tragen, beim Scharfen aber nicht.

Cucurbitaceae – Zaunrübengewächse

Die Zaunrübengewächse finden sich häufig in Gärten. Neben dem unerwünschten Wildkraut, der weißen Zaunrübe (*Bryonia alba* L.), gehört auch die Gurke (*Cucumis sativus* L.) und der Kürbis (*Cucurbita pepo* L.) zu den *Cucurbitaceae*.

Vor dem Saft der Zaunrüben sei gewarnt, da dieser stark hautreizend ist und die Durchblutung sehr stark in den Hautbereichen anregt, die mit dem Zellsaft in Kontakt kommen.

Während des Pressens der Zaunrüben ist der Zellsaft mittels eines aufsaugenden Papiers ebenso wie die anhaftenden Beeren zu entfernen, da sie den Trocknungsprozess nur unnötig behindern. Die Pflanzen sind am besten in Teamarbeit zu pressen. Einer drückt vorsichtig die Blüte auf die Papierlage, während ein Zweiter das Papier der nächsten Lage bereithält. Die Blüten des Kürbisses müssen, wie schon bei den *Convolvulaceae*, senkrecht eingeschnitten werden, damit sie erkennbar bleiben. Zum Trocknen sollte ein niedriger Druck gewählt werden und das Papier täglich gewechselt werden. Da die Blüten dieser Familie ebenfalls empfindlich sind, muss man sorgsam auf sie achten. Häufig anzutreffende Kürbisgewächse sind:

- Weiße Zaunrübe – *Bryonia alba* L.,
- Gurke – *Cucumis sativus* L., (Kulturpflanze)
- Gewöhnlicher Kürbis – *Cucurbita pepo* L., (Kulturpflanze).

Dipsacaceae – Kardengewächse

Kardengewächse sind in unseren Breiten leicht zu finden und relativ gut zu bestimmen. Karden bedürfen jedoch einer eingehenden Präparation vor dem eigentlichen Trocknungsvorgang. Da die Stängel, bei manchen Gewächsen auch die Blütenstände, mit Stacheln oder spitzen Haaren besetzt sind, ist der Gebrauch von Handschuhen praktisch. Weiterhin können die dickeren Stängel der Karden gerade für den Unerfahrenen ein Problem beim Pressen darstellen, da die Pflanze ausnahmsweise nicht in ihrem natürlichen Zustand, sondern nur in einem präparierten Zustand gepresst werden kann. Dabei ist das phänotypische Erscheinungsbild zu erhalten. Um ein optimales Ergebnis zu erzielen, müssen die Pflanzen mit dickeren Stängeln und großen Blütenständen mittig durchgeschnitten werden. Dazu nimmt man ein scharfes Messer mit glatter Klinge und halbiert zunächst nur bis zum Blütenstandsboden. Der Stängel wird durch einen waagerechten Schnitt abgetrennt, damit das Teilen der runden oder eiförmigen Blütenstände leichter fällt. Im zweiten Schritt ist nun auf einen möglichst geradlinigen Schnitt zu achten, der nicht genau in der Mitte, sondern etwas versetzt zum schon entfernten Stängel anzusetzen ist. Nur so lässt sich gewährleisten, dass die Blüte nicht auseinander fällt. Da die Exemplare auch im so präparierten Zustand noch eine beachtliche Dicke aufweisen, ist ein hoher Pressdruck notwendig. Weiterhin sollte man bei den Kardengewächsen nicht mehrere Pflanzen, wie dies bei den meisten anderen Familien möglich ist, übereinander stapeln; die Ergebnisse sind dann meist nicht befriedigend. Das Papier muss über vier Tage hinweg zweimal täglich gewechselt werden. Danach ist einmal tägliches Wechseln der Papierlagen ausreichend. Beachtet man diese Hinweise, so erhält man sehr schöne Objekte, deren Trocknungszustand abschließend nochmals kontrolliert werden sollte, da die Restfeuchte die Blütenfarbe schnell verblassen lässt.

Die Skabiosen, die ebenfalls den *Dipsacaceae* zuzuordnen sind, lassen sich wesentlich einfacher pressen. Im Gegensatz zu den Karden besitzen sie keine dicken Stängel und auch keine Dornen. Aufgrund ihrer blauen bis lilafarbigen Blüten sollte man die Skabiosen nur bei geringem Druck pressen und das Papier in der ersten Woche täglich wechseln. Unter Umständen ist eine zusätzliche Lage eines Küchenpapiers nützlich. Karden findet man auf Ödland und Schuttplätzen, die viel häufigeren Skabiosen dagegen an Ackerrändern und auf Wiesen. Typische und häufig anzutreffende Kardengewächse sind:

• Taubenskabiose – *Scabiosa columbaria* L.,
• Ackerwitwenblume – *Knautia arvensis* (L.) J. M. COULT,
• Schlitzblättrige Karde – *Dipsacus laciniatus* L.,
• Wilde Karde – *Dipsacus fullonum* L.,
• Gewöhnlicher Teufelsabbiss – *Succisa pratensis* MOENCH.

Droseraceae – Sonnentaugewächse

Diese bei uns unter dem Namen Sonnentaugewächse bekannte und vorwiegend in Mooren beheimatete Familie sollte unter keinen Umständen gesammelt werden, da sie unter Naturschutz stehen. Sollten Sie also in der Nähe eines Moores oder noch intakten Sumpfes wohnen und Ihnen diese Pflanzen zufällig auf einer Exkursion begegnen, lassen Sie sie bitte stehen. Denken Sie daran, die Pflanze und deren Lebensraum so wenig wie möglich zu beeinträchtigen. Laut Gesetz ist auch das Fotografieren eine strafbare Handlung. Die bei uns noch heimischen *Droseraceae* sind:

• Langblättriger Sonnentau – *Drosera anglica* HUDS.,
• Mittlerer Sonnentau – *Drosera intermedia* HAYNE,
• Rundblättriger Sonnentau – *Drosera rotundifolia* L.

Equisetaceae – Schachtelhalmgewächse

Eine Kuriosität unter den in diesem Buch behandelten Pflanzen sind die Schachtelhalmgewächse. Es sind Gefäßsporenpflanzen wie Farne und Bärlappgewächse, also keine Blütenpflanzen. Bei den meisten sehen die fertilen (mit Sporenähre) und sterilen gleich aus. Der Acker-Schachtelhalm bildet zwei verschiedene Triebe, braune Sporentriebe und grüne sterile Triebe. Die Sporentriebe fallen aufgrund ihrer Färbung in der Umgebung kaum auf. Auffälliger sind dagegen die Triebe, die die Schachtelhalme wenige Wochen später ausbilden und die ihre Standorte vereinzelt regelrecht überwuchern. Häufig findet man den Acker-Schachtelhalm (*Equisetum arvense* L.) an Ackerrändern und Bahndämmen. Andere Arten besiedeln Wiesen oder Flussufer. Da die Sporentriebe, ähnlich wie die Blütentriebe des Huflattichs, vor den grünen Trieben gesammelt werden, ist eine Beschriftung der Pflanze in der Presse durch einen zusätzlichen Zettel ratsam, auch wenn kein vergleichbares heimisches Gewächs existiert. Die Sporentriebe können hohem Druck ausgesetzt werden. Die Papierlagen sollten in den ersten beiden Tagen zweimal täglich gewechselt werden, danach bis zur Trocknung nur noch einmal täglich. Bewahren Sie die so behandelten Sporentriebe sorgfältig, am besten schon auf einem Papier fixiert, auf. Man sollte für die beiden Triebe zwei verschiedene Herbarbogen anlegen, da sie zu verschiedenen Zeiten und u. U. an verschiedenen Orten gesammelt wurden. Die nach einigen Wochen folgenden Triebe können innerhalb einer Woche bei sehr hohem Druck gepresst werden. Das Papier muss nur alle zwei Tage gewechselt werden. Die Bestimmung macht keine Probleme, es ist die Form und Farbe der Blattscheiden zu beachten. Die Pflanzen lassen sich ansonsten gut unterscheiden und sind somit eine ideale Ergänzung für jedes Herbarium. Die Pflanzen können auch von Sammlern mit wenig Erfahrung leicht mit Erfolg gepresst werden. Neben dem auch als Teedroge verwendeten Acker-Schachtelhalm finden sich verbreitet:

- Wald-Schachtelhalm – *Equisetum sylvaticum* L.,
- Sumpf-Schachtelhalm – *Equisetum palustre* L.

Der Sumpf-Schachtelhalm hat zum Unterschied vom Acker-Schachtelhalm schwarze Asthüllen (Scheide am Astgrund), und sein unterstes Astglied ist kürzer als die zugehörige Stängelscheide. Er trägt seine Sporenähre an den grünen Stängeln, aber erst ab Juni.

Ericaceae – Heidekrautgewächse

Die Familie der Heidekrautgewächse ist, wie der Name schon besagt, vorwiegend in Heiden, aber auch in Hochmooren und Wäldern zu finden. Die Blüten kommen in vielen Erscheinungsformen vor, z. B. glocken- oder trichterförmig. Bei den trichterförmigen empfiehlt es sich, die Blüte mit sanftem Druck auf ein Papier zu drücken, während eine zweite Person eine weitere Lage obenauf legt. Die Gewächse mit glockenförmigen Blüten sind dagegen unkomplizierter, da die kleinen Blüten in Trauben angeordnet sind und man die Pflanze einfach in die Presse legen kann. Dabei werden meist einige Blüten schön im Profil gepresst. Auch der Pressdruck variiert bei den beiden Blütenformen. Während die trichterförmigen Blüten bei geringem Druck gepresst werden sollten, vertragen die glockenförmigen Blüten deutlich höhere Druckbelastungen. Beiden gemeinsam ist, dass das Papier in der ersten Woche täglich gewechselt werden muss. Nach eineinhalb Wochen können die *Ericaceae* meist der Presse entnommen werden. Typische Vertreter sind:

- Preiselbeere – *Vaccinium vitis-idaea* L.,
- Heidelbeere – *Vaccinium myrtillus* L.,
- Besenheide – *Calluna vulgaris* (L.) HULL.

Vorsicht ist, wie schon bei den *Droseraceae*, auch bei den *Ericaceae* geboten, da ihr Bestand, bedingt durch die Vernichtung ihres natürlichen Lebensraumes, bedroht ist. Zu diesen gehören:

- Glockenheide – *Erica tetralix* L.,
- Grauheide – *Erica cinerea* L.,
- Immergrüne Bärentraube – *Arctostaphylos uva–ursi* (L.) SPRENG.

Euphorbiaceae – Wolfsmilchgewächse

Die Wolfsmilchgewächse stellen den Sammler vor ein großes Problem. Sie enthalten einen Milchsaft, der vor dem Trocknen so weit wie möglich mit Hilfe eines saugenden Küchentuchs entfernt werden sollte. Nur so lässt sich während des Pressens eine Braunfärbung weitgehend vermeiden oder zumindest so gering wie möglich halten; ganz zu vermeiden ist sie bei dieser Familie kaum. Der Transport der *Euphorbiaceae* gestaltet sich einfach, da die Blüten meist über zwei Stunden geöffnet bleiben und danach immer noch pressbar sind. Die Pflanzen müssen bei mittlerem Druck gepresst werden und das Papier innerhalb der ersten Woche zweimal gewechselt werden. Bis zum endgültigen Trocknen können mitunter drei Wochen vergehen, wobei nach der ersten Woche nur noch einmal die Papierlage ausgewechselt werden muss. Bevorzugte Standorte der *Euphorbiaceae* sind Gärten, Ödland, Schuttplätze, aber auch vielfach die Flussufer. Weit verbreitet sind:

- Sonnenwend-Wolfsmilch – *Euphorbia helioscopia* L.,
- Zypressen-Wolfsmilch – *Euphorbia cyparissias* L.,
- Garten-Wolfsmilch – *Euphorbia peplus* L.,
- Wald-Bingelkraut – *Mercurialis perennis* L.

Fabaceae – Schmetterlingsgewächse

Die Schmetterlingsgewächse sind durch zahlreiche Merkmale charakterisiert, die eine Bestimmung, wenigstens der Familienzugehörigkeit, sehr vereinfachen. Die Blätter sind wechselständig und meist gefiedert oder gefingert. Das deutlichste Merkmal ist jedoch der Blütenaufbau: Sie besitzen fünf Kronblätter, von denen eins stark vergrößert nach oben steht und als Fahne bezeichnet wird. Seitlich stehen zwei weitere als Flügel bezeichnete Kronblätter, während die restlichen beiden verwachsen sind (»Schiffchen«). Man findet die *Fabaceae* das ganze Jahr hindurch, sodass es nicht weiter schwer fallen dürfte, diese meist obligate Familie in seinem Herbarium zu verewigen. Achten Sie bei Ihren Exkursionen sowohl auf Kräuter, Sträucher und auch auf Bäume, da die *Fabaceae* in vielen Wuchsformen vorkommen. Allgemein kann über die Pressung nur so viel gesagt werden, dass sich eine Blüte in der Aufsicht, vor allem bei den Blütenständen mit mehreren Blüten, nur schwer erzielen lässt. Daher sollten Sie sich bemühen, die Blüten im Profil darzustellen und eine oder zwei von einem anderen Blütenstand gesondert abgetrennte Blüten zusätzlich von oben und/oder zerlegt zu pressen, um den Blütenaufbau zur Geltung zu bringen. Die Form und Behaarung der verwachsenen Kelchblätter können zum Bestimmen notwendig sein.

Die bekanntesten *Fabaceae* sind wahrscheinlich die Klee-Arten. Die meisten Blütenstände der Klee-Arten sind kugelig oder gestreckt eiförmig aufgebaut und vereinigen mehrere Dutzend Einzelblüten. Die Blütenfärbung reicht von weiß, über gelb bis hin zu rötlich-weiß. Eben diese Färbung stellt ein großes Problem für das spätere Trocknen dar, da die Farben verblassen können oder sich die Blüten unansehnlich braun färben. Vor allem bei Exemplaren mit weißen Blüten sind Sorgfalt und intensive Pflege notwendig. Das Verblassen der Farbe lässt sich nur schwer verhindern. Auch hier empfiehlt sich das Arbeiten zu zweit, um die richtige Lage zu sichern. Die Klee-Arten sind bei mittleren bis geringen Druckverhältnissen vorzupressen. Nach der ersten Woche, bei täglich zweimaligem Austausch der Papierlagen, können die Pflanzen bis zur endgültigen Trocknung höheren Druckverhältnissen ausgesetzt werden.

Stellen Sie vor allem bei den Klee-Arten, aber auch bei im Folgenden beschriebenen Wicken eine eindeutige Bestimmung sicher. Durch die mitunter nicht zu vermeidende Verfärbung der Blüten können Farbtöne verloren gehen und somit zu falschen Ergebnissen führen. In solchen Fällen ist es durchaus sinnvoll, die Farbe der Blütenblätter in der Kladde oder auf dem Notizzettel festzuhalten. Auch der Geruch ist ein Indiz: Vertrauen Sie Ihrer Nase! Der seit langem pharmazeutisch verwendete Steinklee verströmt einen intensiven, an Honig erinnernden Geruch, der die Bestimmung erleichtert. Häufig zu findende Klee-Arten sind:

- Hopfenklee – *Medicago lupulina* L.,
- Weißer Steinklee – *Melilotus alba* MED.,
- Echter Steinklee – *Melilotus officinalis* (L.) PALL.,
- Kriechender Weißklee – *Trifolium repens* L.,
- Hasenklee – *Trifolium arvense* L.,
- Wiesen-Rotklee – *Trifolium pratense* L.,
- Gewöhnlicher Hornklee – *Lotus corniculatus* L.

Verwechseln Sie nicht den Hopfenklee mit dem sehr ähnlichen Zwergklee (*Trifolium dubium* SIBTH.). Fruchtend lassen sie sich leicht unterscheiden, denn die Früchte des Hopfenklees sind leicht sichelförmig gebogen und ohne Blütenhülle. Im nicht fruchtenden Zustand müssen Sie die Blätter beachten, die des Hopfenklees haben ein kleines Blattspitzchen, bei denen des Zwergklees fehlt das Spitzchen in der Ausrandung.

Wicken-Arten verhalten sich in ihren Trocknungsanforderungen ähnlich wie die Klee-Arten. Die Blütenstände sind bei Kronwicken doldig ausgebildet, sonst in Trauben oder einzeln, und bereiten beim Pressen relativ wenig Probleme. Bezüglich der

Verfärbung der Blüten gilt das Gleiche wie für die Klee-Arten. Da die Blütenstände in der Regel weniger Blüten aufweisen, ist das Pressen einfacher zu bewerkstelligen. Der Pressdruck sollte mittel bis niedrig gewählt werden, um die Blütenfarben zu erhalten. Im Gegensatz zu den Klee-Arten muss das Papier nur einmal täglich gewechselt werden, bedingt durch die geringere Anzahl an Blüten. Sowohl bei den Klee- als auch bei den Wicken-Arten ist eine abschließende Überprüfung des endgültigen Trocknungszustandes unerlässlich, nur restlos getrocknete Exemplare behalten ihre Blütenfarbe. Beispielpflanzen sind:

- Bunte Kronwicke – *Securigera varia* (L.) LASSEN
- Zaun-Wicke – *Vicia sepium* L.,
- Schmalblättrige Futterwicke – *Vicia angustifolia* L.,
- Vogel-Wicke – *Vicia cracca* L.

Auch die Platterbsen (*Lathyrus*) gehören zur Familie *Fabaceae*. Die Blüten sind in Trauben angeordnet. Aufgrund der geringen Anzahl an Blüten, nur selten über zehn, fällt die Pressung deutlich leichter als bei Klee oder bei den Wicken. Doch auch hier ist die Blütenfärbung für die anzuwendenden Druckverhältnisse ausschlaggebend. Ohne Veränderungen gelten die gleichen Druckverhältnisse und Papierwechsel wie für die Wicken. Gut zu bestimmende Platterbsen sind:

- Wiesen-Platterbse – *Lathyrus pratensis* L.,
- Erbse – *Pisum sativum* L. (Vorsicht: Kulturpflanze)

Weiterhin seien noch einige Schmetterlingsblütengewächse erwähnt, die relativ häufig zu finden sind, deren Pressung jedoch Schwierigkeiten bereiten kann. Zwei als Zierpflanzen oder zur Parkbepflanzung genutzte Exemplare sind der gewöhnliche Goldregen (*Laburnum anagyroides* MED.) und die Robinie (*Robinia pseudacacia* L.), meist falsch als Akazie bezeichnet. Die Lupine

(*Lupinus polyphyllus* LINDL.) wird als Zierpflanze in Gärten und Anlagen und als Nutzpflanze an Straßenböschungen und für Wildfutter angepflanzt. Die Lupine besitzt einen sehr massigen Stängel, der vor dem Trocknen senkrecht halbiert werden sollte. Seien Sie zum Stängelende hin vorsichtig, da die Blüten das Schneiden behindern können und durch falsches Schneiden die Pflanzencharakteristik beeinträchtigt werden kann. Die Pflanze enthält viel Feuchtigkeit und neigt in der Presse schnell zum Schimmeln und zur Blütenverfärbung. Lupinen müssen bei mittlerer Druckeinwirkung gepresst werden, bei täglich zwei-maligem Austausch der Papierlagen. In der zweiten Woche kann der Papierwechsel auf nur noch einmal pro Tag reduziert und der Pressdruck erhöht werden. Der endgültige Trocknungszustand ist leicht an den Blüten und an der verletzten Stängelseite zu überprü-fen.

Der gewöhnliche Goldregen zeichnet sich durch seine in Trau-ben hängenden, kräftig gelben Blüten aus. Sammeln Sie nur junge und kleine Zweige bzw. Blütenstände, da sie leichter zu pressen sind. Um die Blütenfarbe so gut wie möglich zu erhalten, ist ein niedriger Pressdruck zu wählen. Die Papierlagen sind einmal täglich zu wechseln. Meist ist die Trocknung nach anderthalb bis zwei Wochen abgeschlossen. Die Pflanze ist sehr giftig und ist auch keine Wildpflanze im Gegensatz zur Robinie, die bei uns häufig verwildert.

Ginster ist ebenfalls häufig zu finden. Dessen Trocknung sollte, ebenso wie die der Hauhechel, bei höherem Druck als bei den voranstehenden *Fabaceae* erfolgen, da der Stängel stabiler aufge-baut ist. Bei geringerem Druck kämen die Papierlagen nur unzu-reichend mit den Blüten in Kontakt, die Blüten könnten nicht erhalten werden. Wie schon beim Goldregen sollte das Pressen nach anderthalb bis zwei Wochen beendet werden können.

Fagaceae – Buchengewächse

Bei dieser Familie findet man, wie schon bei der Familie der *Betulaceae*, Bäume. Dementsprechend sind auch hier möglichst junge und dünne Zweige mit den an ihnen haftenden Blüten zu sammeln. Da die Blüten braun bis grün-braun gefärbt sind, kann man beim Trocknen der Objekte kaum noch etwas falsch machen. Ein hoher Pressdruck liefert sehr gute Ergebnisse. Die Papierlagen brauchen nur alle zwei Tage ausgetauscht werden. Es handelt sich um eine einfach zu trocknende Pflanzenfamilie, die sich hervorragend als Füllmaterial bei den nicht obligaten Pflanzen eignet. Die Bäume sind an Wegrändern, aber vor allem im Wald zu finden. Weit verbreitet sind:

* Rotbuche – *Fagus sylvatica* L.,
* Traubeneiche – *Quercus petraea* LIEBL.,
* Stieleiche – *Quercus robur* L.

Fumariaceae – Erdrauchgewächse

Die bei uns vorkommenden Erdrauchgewächse lassen sich in zwei Gruppen einteilen. Zum einen die *Corydalis*-Arten, also die Lerchensporn-Arten, und zum anderen die *Fumaria*-Arten, im Deutschen als Erdrauch-Arten bezeichnet. Die beiden Gruppen unterscheiden sich in wichtigen Punkten des Trocknens. Während die Erdrauch-Arten wenig Feuchtigkeit enthalten, bereitet eben diese bei den Lerchenspornen deutliche Schwierigkeiten. Die unterschiedlichen Wassergehalte der beiden Pflanzengruppen lassen sich mit ihrem Standort erklären. Auf Äckern, in Gärten und an frischen Ruderalstellen sind die Erdrauch-Arten beheimatet. Die Lerchensporne findet man hingegen überwiegend im Frühjahr in Laub- und sehr häufig in Auwäldern. Die Erdrauch-Arten sind bei hohen Druckverhältnissen innerhalb einer bis maximal anderthalb Wochen vollkommen getrocknet. Das Papier ist täglich zu wechseln. Seien Sie beim Austausch der Lagen jedoch vorsichtig, da sich die sehr kleinen Blüten schnell ablösen können und die Pflanze im Extremfall nicht mehr dem natürlichen Erscheinungsbild entspricht. Sowohl bei den Erdrauch- als auch bei den Lerchensporn-Arten haben die Pflanzen empfindliche Fiederblätter, die leicht welken und eine schnelle Verarbeitung erfordern. Gerade bei den *Fumaria*-Arten ist eine Fixierung nach dem Trocknen ebenso unerlässlich wie der folgende Schutz durch eine Klarsichthülle. Die Lerchensporne sind zwar einfach zu bestimmen, für Sammler ohne jegliche Übung im Präparieren jedoch ungeeignet, da das Pressen äußerste Disziplin und Zeit benötigt. Bei mittlerem Pressdruck müssen die Papierlagen über einen Zeitraum von einer Woche bei täglich zwei- bis dreimaligem Wechseln am besten auf Löschpapier getrocknet werden. Die *Corydalis*-Arten neigen sehr schnell zur Braunfärbung und nehmen die Druckerfarbe des Zeitungspapiers an. Hilfreich können neben Löschpapier auch mehrere Lagen Küchenpapier sein. Um nicht übermäßig viel des Küchenpapiers zu verschwenden, kann man es falten und nur die empfindliche Blüten damit bedecken, um sie vor Verfärbung zu schützen. Die Blätter sind weitaus unempfindlicher und trocknen schneller als der Blütenstand. Folgende Vertreter sollten sich auf einer Exkursion an den erwähnten Standorten finden lassen:

- Hohler Lerchensporn – *Corydalis cava* (L.) SCHWEIGG. & KÖRTE,
- Finger-Lerchensporn – *Corydalis solida* (L.) CLAIRV.,
- Gewöhnlicher Erdrauch – *Fumaria officinalis* L.

Gentianaceae – Enziangewächse

Die Enziangewächse sind mit wenigen Ausnahmen geschützt. Das heißt, sie dürfen auf keinen Fall gepflückt werden! Denken Sie bitte daran, dass eine Pflanze nicht ohne Grund unter Naturschutz gestellt wird. Beachten Sie allein schon aus Respekt vor der Natur diese Anweisung. Auch die noch nicht geschützten Pflanzen dieser Familie sind meist nur noch selten verbreitet. Auch hier gilt, besser nicht sammeln und so den geringen Bestand schützen. An dieser Stelle seien nur einige wenige der bekannteren und geschützten Enziangewächse genannt:

- Echtes Tausendgüldenkraut – *Centaurium erythraea* RAFN,
- Gelber Enzian – *Gentiana lutea* L.,
- Schwalbenwurz-Enzian – *Gentiana asclepiadea* L.

Geraniaceae – Storchschnabelgewächse

Das Trocknen der Storchschnabelgewächse erfordert Geduld und vor allem Fingerspitzengefühl. Dies liegt sowohl an den empfindlichen Blüten als auch an den Blättern, die einen hohen Feuchtigkeitsgehalt aufweisen und somit die Pressdauer verlängern. Sammeln Sie die Vertreter dieser Familie am Ende Ihrer Exkursion, da sich die Blütenblätter ähnlich schnell wie bei den *Papaveraceae* vom Blütenstandsboden lösen und daher nicht mehr zum Trocknen geeignet sind. Achten Sie weiterhin darauf, dass Sie die Pflanzen beim Transport an oberster Stelle lagern, um eine Schädigung der Blüten zu vermeiden. Beim Positionieren der Blüte sollten Sie vorsichtig vorgehen, um jegliche Komplikation auszuschließen. Dies bedeutet, dass Sie die Blüten behutsam auf das bereitliegende Papier drücken. Das Arbeiten zu zweit ist anzuraten. Damit sich die Blüten nicht sofort wieder lösen, sollte einer die Blüten so lange festhalten, bis der andere die Blätter mit einer

Pinzette ausgebreitet hat und eine weitere Papierlage auflegen kann. Die eigentliche Pressung kann bei mittleren bis hohen Druckverhältnissen erfolgen. Täglicher Papierwechsel über zwei Wochen ist für ein optimales Ergebnis zwingend notwendig. Doch selbst beim Austausch der Papierlagen können die *Geraniaceae* noch Schaden nehmen, da die Blätter aneinander haften. Halten Sie also immer eine Pinzette bereit, um zusammenhängende Blätter zu trennen. Mit bloßen Händen gelingt dies nicht, im Gegenteil, es fördert nur das Aneinanderhaften. Folgende Vertreter können auf Exkursionen entdeckt werden:

- Wiesenstorchschnabel – *Geranium pratense* L.,
- Ruprechtskraut – *Geranium robertianum* L.,
- Reiherschnabel – *Erodium cicutarium* (L.) L'Her.

Hippocastanaceae – Rosskastaniengewächse

Die gewöhnliche Rosskastanie (*Aesculus hippocastanum* L.) bildet schöne, große, in Rispen stehende Blüten aus. Dieser Blütenstand lässt sich leider nicht in seiner Gesamtheit pressen, sondern nur als halbiertes Exemplar. Wie schon bei manchen *Apiaceae* oder *Dipsacaceae* ist es unerlässlich, den Blütenstand senkrecht zu teilen, ohne zu viele Einzelblüten zu beschädigen. Mit dieser Vorgehensweise erhält man bei geschicktem Halbieren des Blütenstandes zwei Exemplare. Die Blütenstände werden bei mittlerem Druck getrocknet, in der ersten Woche sind die Papierlagen zweimal täglich zu wechseln. Beim Abziehen des Papiers ist Vorsicht geboten, da die Blüten leicht abgerissen werden können. In der zweiten Woche ist tägliches Austauschen ausreichend. Die gewöhnliche Rosskastanie ist eine der wenigen Pflanzen, die auf zwei getrennten Blättern in ihrem Herbarium dargestellt werden muss, da die Blätter sehr groß sein können, wenn man sie erst zur Blütezeit sammelt. Die Blätter presst man bei hohem Druck, das

Papier braucht nur alle zwei Tage gewechselt zu werden. Vermerken Sie auf dem die Blüte tragenden Bogen, dass sich das Laubblatt auf der folgenden Seite befindet, am besten mit kleinen lateinischen Buchstaben (a, b) hinter der Nummer des Bogens oder römischen Zahlen. Die Bogen erhalten die gleiche Nummer.

Hyacinthaceae – Hyazinthengewächse

Auch diese Familie wurde früher zu den Liliengewächsen gestellt, die moderne Systematik stellt sie in eine andere Ordnung (*Asparagales*), wobei der Gemüsespargel eine eigene Familie bildet. Zu den Hyazinthengewächsen zählen viele bedrohte Pflanzen, ähnlich wie bei den Enziangewächsen. Könnte es sich auch nur im Entferntesten um eine geschützte Art handeln, ist die zweifelsfrei Bestimmung vor dem Sammeln besonders wichtig, um geschützte Pflanzen in keiner Weise zu gefährden. Haben Sie Zweifel bei der Bestimmung, lassen Sie die Pflanze stehen. Allerdings existieren auch leicht zu bestimmende Pflanzen dieser Familie. Dazu zählt neben dem Gemüsespargel (*Asparagus officinalis* L.) auch der Dolden-Milchstern (*Ornithogalum umbellatum* L.).

Gemüsespargel lässt sich einfach bei mittlerem Druck und täglichem Wechseln der Papierlagen pressen. Die Milchstern-Arten, sofern sie sammelbar sind, sollten bei geringem Druck getrocknet werden. Die Blüten sind sehr empfindlich, seien Sie deshalb beim täglichen Austausch der Papierlagen äußerst vorsichtig.

Hydrophyllaceae – Wasserblattgewächse

Das Büschelschön (*Phacelia tanacetifolia* BENTH.) ist ein gutes Beispiel für angebaute Nutzpflanzen, die ebenfalls in einem Herbarium gezeigt werden können. Ursprünglich stammt diese Pflanze aus Nordamerika und findet hier Verwendung als Gründünger und Bienenweide. Während der Blütezeit von Mai bis Oktober dürfte es ein Leichtes sein, das Büschelschön auf einem Acker oder am Ackerrand zu entdecken. Das Pressen gestaltet sich sehr einfach. Bei hohem Druck und täglich einmaligem Wechsel des Papiers ist das Büschelschön innerhalb von zwei Wochen getrocknet.

Hypericaceae – Johanniskrautgewächse

Die von Juni bis August blühenden Johanniskraut-Arten finden sich hauptsächlich an Wegrändern und Waldrändern mit trockenen Bodenverhältnissen. Johanniskrautgewächse sollten erst auf dem Heimweg geerntet werden, da sich die Blüten schnell schließen und sich, ohne einen Tag in einer Vase zu stehen, nur schwer wieder öffnen lassen. Noch bevor man eine wieder geöffnete Blüte halbwegs ordentlich auf einem Papier fixiert hat, rollen sich die Blütenblätter schon wieder zusammen. Zusätzlich mitgepresst und eingeklebt ergänzen einzelne Blüten den Bogen der vollständigen Pflanze im Herbarium und stellen den Blütenaufbau besser dar, wenn sie die Blüte seitlich aufgeklappt, von oben und von unten zeigen (möglichst einem zweiten Blütenstand entnommen). Die Gesamtpflanze und die abgetrennten Blüten müssen bei mittlerem bis leichtem Druck gepresst werden. Einzelblüten ergeben ein besseres Ergebnis, wenn sie auf einer separaten Papierlage getrocknet werden. Täglicher Papierwechsel ist erforderlich. Nur große Behutsamkeit beim Papiertausch verhindert das Abreißen der Blüten. Zu den Johanniskrautgewächsen zählen unter anderem:

* Echtes Johanniskraut – *Hypericum perforatum* L.,
* Geflecktes Johanniskraut – *Hypericum maculatum* CR.

Iridaceae – Schwertliliengewächse

Zu den Schwertliliengewächsen zählen fast ausnahmslos geschützte Pflanzen. Wie schon bei den *Gentianaceae* sind die wenigen nicht unter Naturschutz gestellten Vertreter auch selten aufzufinden und sollten, sofern man sie überhaupt findet, nicht gesammelt werden. Einige geschützte *Iridaceae* seien hier erwähnt:

- Sumpfschwertlilie – *Iris pseudacorus* L.,
- Deutsche Schwertlilie – *Iris germanica* L. (Zierpflanze, an Burgmauern verwildert),
- Sumpf-Siegwurz – *Gladiolus palustris* GAUDIN

Juglandaceae – Walnussgewächse

Zwei bei uns heimische und im Wesentlichen angepflanzte Walnussgewächse sind die echte Walnuss (*Juglans regia* L.) und die seltenere schwarze Walnuss (*Juglans nigra* L.). Die einhäusigen Pflanzen sind einfach zu trocknen, wenn man die für Bäume üblichen Regeln beachtet. Sammeln Sie nur junge Zweige, die den Aufbau der Blüte deutlich erkennen lassen und die einige Laubblätter tragen. Die ausgewählten Zweige können bei hohen Druckverhältnissen getrocknet werden. Die Papierlagen sind nur alle zwei Tage zu wechseln. Die Blütenstände können, ähnlich den *Betulaceae*, leicht abreißen. Dies kann durch vorsichtiges Arbeiten vermieden werden. Abgetrennte Blütenstände sollten beim Aufkleben der Pflanzen durch Klebestreifen an ihrem ursprünglichen Ort fixiert werden.

Lamiaceae – Lippenblütengewächse

Die Familie der Lippenblütengewächse weist mehrere verschiedene Blütenstände auf. Die Blüten können in Ähren am oberen Ende des Stängels stehen, etagenartig in Quirlen angeordnet sein oder auch nur als Teilblütenstände ausgebildet sein. Einige Charakteristika, wie die kreuzgegenständigen Blätter und der vierkantig ausgebildete Stängel, dürften auch dem Laien auffallen. Eine weitere Erleichterung der Bestimmung ist durch Reiben der Blätter möglich. Einige *Lamiaceae* enthalten ätherisches Öl. In den Bestimmungsbüchern ist meist bei solchen Pflanzen auch der Geruch beschrieben. *Lamiaceae* sind fast überall anzutreffen. Vor allem im Frühjahr sind die Vertreter dieser Familie in den Laub- und Auwäldern zu finden, andere Exemplare können leicht im Sommer an Weg- oder Ackerrändern identifiziert werden. Sammeln Sie keine älteren, großen Pflanzen. Ältere Pflanzen erkennt man neben ihrer offensichtlichen Größe vor allem daran, dass die Blüten schon bei der kleinsten Berührung abfallen. Bei solchen Exemplaren kann es Ihnen ohne Weiteres passieren, dass Sie ein sehr schönes Exemplar sammeln, aber nach dem Transport nichts mehr davon zu sehen ist und Sie die Blüten am Boden Ihres Transportbehältnisses wieder finden. Solche Pflanzen können natürlich nicht in einem Herbarium dargestellt werden. Zu dieser Familie der Wildkräuter zählen viele, pharmazeutisch meist als Tee genutzte Pflanzen. Bekannter sind die weiße Taubnessel, Wiesen-Salbei oder die Pfefferminze. Allgemein gilt für das Trocknen der *Lamiaceae* Folgendes:

• Die Blüten können nur im Profil dargestellt werden.

• Einzelblüten, aufgeschnitten, können mitgepresst und entsprechend separat montiert werden.

- Der vierkantige Stängel muss unter Berücksichtigung der Blattstellung zusammengedrückt werden. Die daraufhin austretende Flüssigkeit kann mit einem separaten Küchenpapier entfernt werden. Erfolgt das Vorpressen des Stängels nicht, neigen die Pflanzen leicht zur Braunfärbung bzw. trocknen sehr viel langsamer.

- Es ist darauf zu achten, dass die Blätter zum Trocknen ausgerichtet werden. Eine Ebene der kreuzgegenständigen Blätter lässt sich gut auf dem Papier fixieren. Die waagerecht stehende Ebene kann nur durch leichtes Drehen des Blattstieles auf den Papierlagen befestigt werden. Das Arbeiten zu zweit ist bei der Präparation der *Lamiaceae* sehr zu empfehlen. Einer fixiert die Pflanzen auf der Unterlage, der andere unterstützt dies, bis die optimale Lage gefunden ist. Nun muss einer von beiden die Pflanze kurzfristig festhalten, während der zweite das Papier über die Pflanze schichtet.

Exemplarisch sollen an dieser Stelle häufiger anzutreffende *Lamiaceae* behandelt werden, da die unterschiedlichen Blütenstände beim Trocknen der Pflanze berücksichtigt werden müssen.

Braunellen sind aufgrund des als Ähre ausgebildeten Blütenstandes leicht zu pressen. Da nicht alle Blüten gleichzeitig geöffnet sind, empfiehlt es sich, junge Pflanzen mit noch wenigen offenen Blüten zu sammeln. Die Einzelblüten sind so im getrockneten Zustand besser zu erkennen, die Blüten kommen sehr gut mit den Papierlagen in Berührung, und es müssen keine Blüten abgetrennt werden, das Erscheinungsbild der Pflanze bleibt also erhalten. Die Blattstellung ist bei den Braunellen einfacher festzuhalten, da die Blüten nicht in den Blattachseln sitzen. Es kann also nach den allgemeinen Vorschriften vorgegangen werden. Es sollte ein mittlerer Pressdruck gewählt werden bei täglich zweimaligem Austausch der Papierlagen. Zeichnet sich die Trocknung langsam ab, braucht das Papier nur noch einmal täglich gewechselt werden. Die botanischen Namen der Braunellen lauten:

- Kleine Braunelle – *Prunella vulgaris* L.,
- Weiße Braunelle – *Prunella laciniata* L.,
- Großblütige Braunelle – *Prunella grandifloria* (L.) SCHOLLER.

Die Gundelrebe (*Glechoma hederacea* L.), auch Gundermann genannt, ist eine in Auwäldern und auch als Garten»unkraut« häufig anzutreffende und vor allem leicht zu identifizierende Pflanze. Ausnahmsweise sind jedoch etwas größere Exemplare zu sammeln, da bei den kleineren Pflanzen Blüten und Blätter zu dicht aufeinander liegen. Schlechte Pressergebnisse sind meist die Folge. Die größeren Gundelreben können bei mittlerem bis hohem Druck getrocknet werden. Den feuchteren Bedingungen des Standortes Rechnung tragend, sind die Papierlagen in den ersten drei bis vier Tagen zweimal täglich auszuwechseln. Bis zum endgültigen Trocknungszustand ist danach ein einmaliger Austausch ausreichend.

Ebenso häufig anzutreffen und meist in unmittelbarer Nachbarschaft stehend, ist der kriechende Günsel (*Ajuga reptans* L.). Wichtig ist das Mitsammeln von Ausläufern (nicht abreißen!), die den Namen erklären. Aufgrund des etwas stämmigeren Aufbaus der Pflanze ist der Pressdruck zu erhöhen. Ansonsten kann wie bei der Gundelrebe verfahren werden.

Fast schon ubiquitär zu finden sind die Taubnessel-Arten. Vor allem die weiße und die rote Taubnessel sind im Frühjahr und Sommer an fast jedem Weg- oder Waldrand zu entdecken. Den allgemeinen Regeln der Lamiaceae-Trocknung folgend sind möglichst jüngere Exemplare zu sammeln, da sich die Blüten bei den älteren leichter ablösen können. Mit Ausnahme der stängelumfassenden Taubnessel sitzen die Blüten in fast allen Blattachseln des Stängels. Aus diesem Grund muss beim Platzieren der Pflanze besonders vorsichtig vorgegangen werden. Nachdem der

Stängel vorgepresst wurde, können die Blätter entsprechend ausgerichtet werden. Dabei sollten möglichst wenige Blüten auf den Blättern selbst liegen, da so nur Braunfärbungen entstehen. Reißt eine Blüte ab, kann sie als Einzelblüte weiterhin mitgepresst werden und später neben der Gesamtpflanze fixiert werden. Taubnesseln sind bei mittlerem bis hohem Druck zu pressen. Um Braunfärbungen zu vermeiden, sollten die Papierlagen in der ersten Woche zweimal täglich gewechselt werden. Bis zum Erreichen des endgültigen Trocknungszustandes ist ein einmaliger Austausch des Papiers ausreichend. Einfacher zu pressen ist die stängelumfassende Taubnessel, da sich die Blüten nur in den oberen Bereichen der Blätter befinden und die schönsten Blüten am Kopfende sitzen. Diese sind aufgrund ihrer Lage gut zu trocknen. Da keine Blüten in den unteren Abschnitten des Blattes anzutreffen sind, können die Blätter auf den entsprechenden Unterlagen problemlos ausgerichtet werden. Folgende Taubnessel-Arten sollten auf einer Exkursion zu entdecken sein:

- Weiße Taubnessel – *Lamium album* L.,
- Rote Taubnessel – *Lamium purpureum* L.,
- Stängelumfassende Taubnessel – *Lamium amplexicaule* L.,
- Gefleckte Taubnessel – *Lamium maculatum* L.,
- Goldnessel – *Lamium galeobdolon* (L.) L. (nach der Standard-liste, in Bestimmungsbüchern auch *Galeobdolon luteum* und *Lamiastrum galeobdolon*)

Es spricht nichts dagegen, verschiedene Taubnesseln in einem zur Prüfung vorzulegenden Herbarium festzuhalten, da für Füllpflanzen in der Regel keine Vorschriften gelten. Die verschiedenen Taubnesseln lassen sich einfach bestimmen und bieten somit die Möglichkeit, Ihr Herbarium mit geringem Aufwand zu ergänzen.

Achten Sie beim Sammeln auf in den Blüten versteckte Ameisen, die Bestandteile der Samen als Nahrungsquelle benutzen. Die Ameisen sollten vor dem Transport natürlich entfernt werden.

Einige *Lamiaceae* sind leicht an ihrem Geruch zu erkennen. Dazu gehören neben den Minzen Thymian-Arten der wilde Dost (*Origanum vulgare* L.) und die Salbei-Arten.

Die letztgenannten Salbei-Arten, z. B. der Wiesensalbei (*Salvia pratensis* L.), sind entsprechend den Vorschriften der Taubnesseln zu trocknen. Die anderen Lamiaceae-Vertreter besitzen meist ährige Blütenstände oder tragen die Blüten in Quirlen in den Blattachseln. Wie schon bei den Braunellen erwähnt, fällt das Pressen deutlich leichter, da das vorsichtige Ausrichten der Blätter entfällt. Innerhalb von zwei Wochen werden die entsprechenden Pflanzen bei mittlerem Pressdruck und täglichem Wechsel der Papierlagen getrocknet. Zu den so zu behandelnden *Lamiaceae* zählen:

- Wilder Dost – *Origanum vulgare* L.,
- Pfefferminze – *Mentha x piperita* L.,
- Feldthymian – *Thymus pulegioides* L.,
- Ährenminze – *Mentha spicata* L.,
- Wasserminze – *Mentha aquatica* L.

Da Minzen stark bastardieren, sind sie schwer zu bestimmen. Bei den in Quirlen angeordneten *Lamiaceae* kann im Wesentlichen wie bei den Taubnesseln vorgegangen werden. Meist befindet sich jedoch eine deutlich höhere Anzahl an Blüten in den Blattachseln. Achten Sie beim Ausrichten der Pflanze darauf, dass nur wenige Blüten auf den Blättern oder auf dem Stängel selbst liegen, so wird eine Braunfärbung der Pflanzenabschnitte vermieden. Pressdruck und -dauer entsprechen den vorangegangen Beschreibungen der Minzen und Thymian-Arten. Beispiele sind:

- Ufer-Wolfstrapp – *Lycopus europaeus* L.,
- Stechender Hohlzahn – *Galeopsis tetrahit* L.,
- Wald-Ziest – *Stachys sylvatica* L.

Diejenigen Lippenblütler, die an dieser Stelle nicht erwähnt wurden, sollten nach ihrem Aussehen einer der voranstehenden Behandlungsmethoden zugeordnet werden. Dabei kann eine Modifizierung je nach Standort und Witterungsverhältnissen notwendig sein.

Liliaceae – Liliengewächse

Leider sind auch die Angehörigen der Familie der *Liliaceae* selten oder vom Aussterben bedroht. Auch die *Liliaceae*, die nicht unter Naturschutz stehen, sollten ebenfalls nicht gesammelt werden, um ihren Bestand weiterhin zu sichern. Als Monocotyledoneae sind sie unter anderem an ihrer parallelen Blattnervatur und an ihren sechs in zwei Kreisen à drei stehenden Perigonblättern zu erkennen. Seien Sie bei solchen typischen Merkmalen, die auch andere einkeimblättrige Pflanzen aufweisen können, bei der Bestimmung besonders sorgfältig. Zu den *Liliaceae* zählen:

- Acker-Goldstern – *Gagea villosa* (MB.) DUBY,
- Wald-Goldstern – *Gagea lutea* (L.) KER-G.

Lythraceae – Weiderichgewächse

In Deutschland sind nur zwei zum Trocknen geeignete Weiderichgewächse heimisch: der Ysopblättrige Weiderich (*Lythrum hyssopifolia* L.) und der häufiger anzutreffende Blut-Weiderich (*Lythrum salicaria* L.). Die kleineren Blüten des Ysopblättrigen Weiderichs sitzen in den Blattachseln und können aufgrund ihrer geringen Anzahl problemlos nach dem Ausrichten der Blätter gepresst werden. Achten Sie darauf, dass Sie mindestens eine Blüte in der Aufsicht darstellen. Aufgrund ihres feuchten Standortes an Uferrändern sollte die Pflanze bei mittleren Druckverhältnissen gepresst werden. Die Papierlagen sind täglich zweimal zu wechseln, erst gegen Ende des Trocknungsprozesses kann auf einmaliges Wechseln reduziert werden. Gleiches gilt für den Blut-Weiderich. Dieser besitzt jedoch deutlich größere Blüten. Die Blüten des Blutweiderichs sind heterostyl, der Griffel kann drei verschiedene Längen haben mit entsprechender Stellung der Staubblätter. Sammeln Sie, wenn Sie können, verschiedene Pflanzen mit unterschiedlicher Griffelanordnung und pressen Sie Blüten in Seitenansicht, sodass die verschiedenen Stellungen sichtbar sind. Die Pflanzen sollten Sie auf verschiedenen Bogen montieren.

Malvaceae – Malvengewächse

Nur wenige *Malvaceae* sind noch häufiger anzutreffen. Dazu zählen neben der wilden Malve (*Malva sylvestris* L.) die Siegmarswurz (*Malva alcea* L.), die Moschus-Malve (*Malva moschata* L.) und die Wegmalve (*Malva neglecta* WALLR.). Man findet sie in den Sommermonaten vor allem an Weg-, Acker- und Waldrändern. Sehr charakteristisch sind die zu einer Filamentröhre verwachsenen Staubfäden. Neben der Gesamtpflanze sollten einige einzelne Blüten getrocknet werden, um diese Besonderheit im Erscheinungsbild gesondert darzustellen. Die Blüten stehen meist mit mehr oder weniger langen Stielen in den Blattachseln. Da Blätter in der Regel durch deutlich längere Blattstiele gekennzeichnet sind, behindern sie die Trocknung der Blüten nicht. Die *Malvaceae* sollten bei mittleren bis hohen Druckverhältnissen gepresst werden. Beim täglichen Austausch des Papiers ist vorsichtig vorzugehen, damit die Blütenblätter sich nicht zusammenrollen. Halten Sie eine Pinzette bereit, um in einem solchen Fall das Blütenblatt wieder zu positionieren. Achten Sie darauf, dass Ihnen die Einzelblüten beim Wechseln der Papierlagen nicht abhanden kommen. Machen Sie sich in der Nähe der Gesamtpflanze einen auffälligen Vermerk, wenn Sie die Einzelblüten nicht auf demselben Papier trocknen. Die Erfahrung hat gezeigt, dass vor allem die weit verbreitete wilde Malve stark von Ungeziefer befallen sein kann. Achten Sie besonders auf die mitunter stark angefressenen Blätter dieser Pflanze. Vor dem Sammeln ist die Pflanze eingehend auf Insekten zu untersuchen. In besonders warmen Sommern kann die wilde Malve eine zweite Vegetationsperiode im Herbst durchlaufen. Die Wahrscheinlichkeit, eine intakte Pflanze zu entdecken, ist dann weitaus höher. Da ein guter Sommer nicht jedes Jahr für eine zweite Vegetationsperiode sorgt, müssen Sie sich, um sicher zu gehen, zunächst mit einem angefressenen Exemplar begnügen.

Nymphaeaceae – Seerosengewächse

Alle Vertreter der Seerosengewächse sind als schützenswert anzusehen. Das Trocknen dürfte sich aufgrund des Standortes und dem damit verbundenen Feuchtigkeitsgehalt der Pflanzen ohnehin sehr schwierig gestalten. Zu den *Nymphaceae* zählen:

• Weiße Seerose – *Nymphaea alba* L.,
• Glänzende Seerose – *Nymphaea candida* K. PRESL.,
• Gelbe Teichrose – *Nuphar lutea* (L.) SM.

Oleaceae – Ölbaumgewächse

Zu den bekannten Ölbaumgewächsen zählen neben den Zierpflanzen Forsythie (*Forsythia suspensa* (THUNB.) VAHL) und Flieder (*Syringa vulgaris* L.) der einheimische Auwaldbaum, die Esche (*Fraxinus excelsior* L.), die aber auch in Anlagen gepflanzt wird, und der ebenfalls als Ziergehölz benutzte, aber an Waldrändern einheimische Liguster (*Ligustrum vulgare* L.)

Bei der Forsythie, die Sie als Zierstrauch vermutlich nicht sammeln sollen, ebenso wenig wie den Flieder, fallen die großen Blüten bzw. der große Blütenstand auf. Für ein gutes Trocknungsergebnis lässt es sich leider nicht vermeiden, einige Blüten zu entfernen. Geschieht dies nicht, fangen die Blüten an zu schimmeln oder können sich unansehnlich zusammenrollen, da sie nicht mehr mit den Papierlagen in Kontakt kommen. Sammeln Sie nur junge Zweige und kleinere Blütenstände, damit die Trocknung zügig verläuft. Positionieren Sie einige Blüten, am besten zu zweit so, dass sie in Aufsicht gepresst werden. Um die Blüten in guter Qualität zu trocknen, sollte ein mittlerer Pressdruck gewählt werden, der für den Fall erhöht werden kann, dass die Pflanzen bei sehr trockenen Wetterverhältnissen gesammelt wurden. Einmaliges tägliches Wechseln der Papierlagen ist vollkommen ausreichend. Achten Sie unbedingt auch auf den Trocknungszustand des jungen Zweiges.

Ähnlich der Entwicklung des Huflattichs aus der Familie der *Asteraceae* vollzieht sich die Blüte der gewöhnlichen Esche. Auch hier erscheinen die Blüten vor den Laubblättern, im April/Mai und die Früchte reifen noch später (Oktober/November). Den Baum sollten Sie also dreimal aufsuchen und entsprechende Herbarbogen anlegen. Denken Sie also beim Pressen an eine Beschriftung des Blütenstandes. Im Unterschied zu den voranstehenden Pflanzen hat die Esche keinen großen Blütenstand und auch keine empfindlichen Blüten. Daher kann der Pressdruck höher gewählt werden. Beim Wechseln der Papierlagen kann jedoch wie bei den anderen *Oleaceae* verfahren werden.

Onagraceae – Nachtkerzengewächse

Nachtkerzengewächse kommen bezüglich ihrer Blütengröße und -farbe in den unterschiedlichsten Erscheinungsformen vor. Doch nur die wenigsten Nachtkerzengewächse sind leicht zu pressen.

Das gewöhnliche Hexenkraut (*Circaea lutetiana* L.) besitzt zwar sehr kleine Blüten, lässt sich jedoch problemlos bei leichten Druckbedingungen und täglichem Wechsel der Papierlagen pressen. Man muss nur darauf achten, dass die Blätter richtig liegen, da sie schnell zum Welken neigen. Dieses Problem tritt schon beim Heimbringen auf. Deshalb sollten sie entweder schon im Gelände vorgepresst oder schnellstens zu Hause verarbeitet werden. Weitaus schwieriger sind dagegen die Weidenröschen zu behandeln. Ihre Blüten stehen einzeln oder gehäuft in den Achseln der Stängelblätter. Da sich die Blüten sehr schnell schließen können, sollten die Weidenröschen erst gegen Ende der Exkursion gesammelt werden. Leichte bis mittlere Druckbedingungen müssen gewählt werden. Da die Blüten sehr empfindlich sind und sich leicht ablösen können, soll man beim Austausch des Papiers, der einmal täglich erfolgen soll, sehr behutsam vorgehen. Es kann ratsam sein, die Blüten durch eine zusätzliche Lage Küchenpapier zu schützen. Eine Pressdauer von ca. zwei Wochen ist in der Regel vollkommen ausreichend. Typische Vertreter sind:

- Zottiges Weidenröschen – *Epilobium hirsutum* L.,
- Kleinblütiges Weidenröschen – *Epilobium parviflorum* SCHREB.,
- Schmalblättriges Weidenröschen – *Epilobium angustifolium* L.

Während das Zottige und das Kleinblütige Weidenröschen meist an feuchten Stellen wachsen (Bachränder z. B.), findet man das Schmalblättrige Weidenröschen im Wald (frische Waldschläge, breite Schneisen) und ruderal – es war eine Trümmerpflanze nach dem Zweiten Weltkrieg. Betrachten Sie einmal einen nicht voll aufgeblühten Blütenstand, so finden Sie unten bereits Früchte, dann folgen Blüten im weibliche Zustand mit gespreizten Narben, darüber die Blüten im männlichen Zustand mit geschlossenen Narben, aber aufgerichteten Staubgefäßen, darüber dann die Knospen.

Zu den *Onagraceae* zählen natürlich auch die namensgebenden Nachtkerzen (*Oenothera*). Wie auch die Weidenröschen müssen die Nachtkerzen gegen Ende der Exkursion gesammelt werden, um ein vorzeitiges Schließen der Blüten zu vermeiden. Sie besitzen einen kräftig ausgebildeten Stiel, der halbiert werden sollte, um die Pressung zu erleichtern bzw. zu beschleunigen. Eine Pinzette ist beim Positionieren der Blüten äußerst hilfreich. Mittlere Druckverhältnisse sind zu empfehlen, die Papierlagen müssen zweimal täglich ausgetauscht werden. Um die empfindlichen Blüten nicht zu schädigen, muss das Papier vor allem in der ersten Zeit vorsichtig abgezogen werden. Halten Sie die Pinzette immer bereit, da Blütenblätter am Zeitungspapier haften bleiben oder aneinander haften können. Arbeitet man nur mit den eigenen Fingern, kann sich das Erscheinungsbild des Präparates nur noch weiter verschlechtern, während mit der Pinzette problemlos Fehler korrigiert werden können. Wie schon erwähnt ist der Stängel der Nachtkerzen sehr dick. Auch nach dem Halbieren ist der Stängel ausschlaggebend für das Ende der Trocknung. Erst wenn sich auch dieser nicht mehr feucht oder kalt anfühlt, ist die Pflanze fertig gepresst.

Wegen der Bastardierung mit einem komplizierten Erbgang haben sich viele Arten gebildet, deren Bestimmung nicht einfach ist (mit *Schmeil/Fitschen* nicht möglich), man kommt dann nur zu den Arten-Gruppen (agg.) *Oenothera biennis* und *Oenothera parviflora*.

Orchidaceae – Orchideengewächse

Die wohl eher aus subtropischen Gebieten bekannten Orchideen wachsen auch hierzulande in beträchtlicher Vielfalt. Allerdings sind sämtliche bei uns beheimateten Orchideen geschützt. Daher gilt für die Vertreter der Orchidaceae das Gleiche wie für die

Familie der *Droseraceae* oder *Nymphaceae*: Betrachten Sie die entdeckten Exemplare, stören Sie den Lebensraum so wenig wie möglich. Schon Fotografieren stört den Lebensraum und ist nach Naturschutzrecht verboten. Die Arten finden Sie in den Bestimmungsbüchern aufgelistet. Gerade für Orchideen gibt es eine Reihe von Bildbänden. Nur so leisten Sie einen aktiven Beitrag zum Erhalt solch seltener Pflanzen und ermöglichen eine weitere Verbreitung.

Oxalidaceae – Sauerkleegewächse

Nur wenige Sauerkleegewächse sind in unserer Umgebung, häufig in der Nähe von Wäldern, zu finden. Diese Familie besitzt die für Kleegewächse typischen Blattmerkmale: sie sind meist dreiteilig und die Teilblättchen sind verkehrt herzförmig aufgebaut. Die Blütenblätter sind hauchdünn und erschweren so die Pressung. Weiterhin ist zu beachten, dass sich die Blütenblätter nach dem Sammeln sehr schnell schließen. Ebenso problematisch verhalten sich die einzelnen Teilblättchen, die nach dem Pflücken zusammenklappen und infolgedessen aneinanderkleben. Somit sollten die *Oxalidaceae* ebenso wie die Gemeine Wegwarte erst am Ende einer Exkursion gesammelt und anschließend schnellstmöglich gepresst oder im Gelände in Zeitungspapier in eine Gitterpresse oder zwischen zwei verschnürte, dicke Pappdeckel gelegt werden. Wie schon erwähnt, sind die Blütenblätter äußerst empfindlich aufgebaut, was einen niedrigen Pressdruck erfordert. Beim Austausch der Papierlagen ist eben auf jene empfindlichen Blüten zu achten. Die Trocknungsdauer beträgt ca. anderthalb Wochen. Sammeln Sie mindestens drei Exemplare, um bei eventuellen Fehlern beim Pressen Ersatz zu haben. Es empfiehlt sich, ein Exemplar auf Löschpapier zu pressen, da dieses mitunter bessere Ergebnisse liefert.

Weit verbreitet ist im Wald nur noch der Sauerklee (*Oxalis acetosella* L.). Andere Sauerklee-Arten, die als Unkräuter in Gärten und ruderal wachsen, sind:

- Aufrechter Sauerklee – *Oxalis fontana* BUNGE,
- Hornfrüchtiger Sauerklee – *Oxalis corniculata* L.

Papaveraceae – Mohngewächse

Der bekannteste Vertreter der Mohngewächse ist sicherlich der Klatschmohn (*Papaver rhoeas* L.). An diesem lassen sich auch exemplarisch die für das Pressen entscheidenden Charakteristika dieser Pflanzenfamilie darstellen. Die Blätter der *Papaveraceae* sind wechselständig und ungeteilt oder mehrfach fiederteilig. Die vier Kronblätter sind in der Regel kräftig, beim Klatschmohn rot, gefärbt und besitzen den Nachteil, dass sie bereits kurz nach dem Beginn der Blüte nur noch sehr locker am Blütenstandsboden anhaften und daher sehr leicht abfallen. Die Mohngewächse bilden einen oberständigen Fruchtknoten aus, aus dem sich dann die Fruchtform der Kapsel bildet. Eben dieser Fruchtknoten bereitet durch seine Dimensionen erhebliche Probleme, da auch er vollständig getrocknet sein muss, um ein optimales und vor allem haltbares Exemplar zu erhalten. Schon beim Sammeln der Mohngewächse sollten Sie auf einige Punkte unbedingt achten:

- Halten Sie ab Ende April/Anfang Mai Ausschau nach den typischen Merkmalen der *Papaveraceae*.

- Entdecken Sie ein Mohngewächs, bestimmen Sie es eindeutig.

- Suchen Sie in unmittelbarer Umgebung nach noch nicht geöffneten Blüten und schauen Sie an den folgenden Tagen regelmäßig nach, ob kürzlich Blüten erblüht sind.

- Sammeln Sie mehrere dieser frischen Pflanzen und fahren Sie unverzüglich nach Hause, um die Objekte zu pressen.

Bei Beachtung dieser Hinweise gelingt es Ihnen wahrscheinlich, intakte, das heißt Pflanzen mit allen vier Kronblättern, zu trocknen. Einzelne, abgefallene Kronblätter lassen sich nur sehr schwer pressen, da sie beim Lösen von der Papierlage an sich selbst haften bleiben und sich nicht mehr auseinanderrollen lassen. Diese Gefahr besteht bei noch am Blütenstandsboden haftenden Blütenblättern in weitaus geringerem Ausmaß.

Die Pflanzen sollten bei geringem bis mittlerem Druck getrocknet werden. Leider verblasst die Farbe der Kronblätter so gut wie immer. Das tägliche Wechseln der Papierlagen muss äußerst vorsichtig geschehen, denn die Blütenblätter haften selbst im getrockneten Zustand noch am Zeitungspapier. Haften die Blütenblätter aneinander, benutzen Sie unbedingt eine Pinzette, um sie zu trennen. Der Versuch, die Finger zur Hilfe zu nehmen, ist zum Scheitern verurteilt und verschlimmert nur die Situation. Die Pflanzen sind erst dann vollständig getrocknet, wenn auch der Fruchtknoten keine Feuchtigkeit mehr aufweist. Die Mohngewächse sollten nach dem Trocknen unverzüglich auf Papier oder Karton fixiert und in einer Klarsichthülle aufbewahrt werden. Das verhindert, dass sich die Blütenblätter nachträglich noch zusammenrollen.

Besonders hingewiesen sei auf das Schöllkraut (*Chelidonium majus* L.). Es ist aufgrund seines orangegelben Zellsaftes, der beim Anschneiden des Stängels sofort austritt, zwar einfach zu bestimmen, es eignet sich jedoch nicht zum Sammeln. Die Blüten sind derart empfindlich, dass selbst frische Blüten ihre Kronblätter sehr leicht abwerfen. Gelingt es dennoch, ein intaktes Exemplar in die Presse einzulegen, so wird häufig schon beim ersten Austausch der Papierlagen die Blüte zerfallen. Neben den bereits erwähnten

Papaveraceae sind weitere in Deutschland heimisch, zum Teil jedoch nur noch selten anzutreffen:

- Sandmohn – *Papaver argemone* L.,
- Bastard-Mohn – *Papaver hybridum* L.,
- Saatmohn – *Papaver dubium* L.

Plantaginaceae – Wegerichgewächse

Wegerichgewächse gedeihen an Weg- und Waldrändern, aber auch auf Ödland. Die Familie zeichnet sich durch eine charakteristische Blütenform aus. Auf einem bzw. mehreren langen Stängeln sitzt eine kugelig, eiförmig oder lanzettlich aufgebaute Ähre mit zahlreichen Einzelblüten. Die Blätter sind grundständig und bilden zum Teil eine Blattrosette. Da die an den Ähren haftenden Einzelblüten leicht abfallen, sollten Exemplare gesammelt werden, die erst seit kurzem blühen und zusätzlich sehr viele Einzelblüten tragen. Die *Plantaginaceae* sollten erst gegen Ende der Exkursion gesammelt werden, um die Verluste an Einzelblüten gering zu halten. Sammeln Sie auch hier einige Exemplare mehr, so kann nach dem Trocknen das Exemplar mit den meisten erhaltenen Einzelblüten gewählt werden. Sowohl die Blüten als auch die Blätter können bei mittlerem bis hohem Druck gepresst werden, bei täglich nur einmaligem Austausch der Papierlagen. Da die Einzelblüten auch im Nachhinein leicht abfallen können, sollten die *Plantaginaceae* nach dem Pressen sofort fixiert und in einer Klarsichthülle aufbewahrt werden. Auf einer Exkursion leicht zu entdecken sind:

- Breit-Wegerich – *Plantago major* L.,
- Mittlerer Wegerich – *Plantago media* L.,
- Spitz-Wegerich – *Plantago lanceolata* L.

Poaceae – Süßgrasgewächse

Die meisten Süßgräser sind nicht so einfach zu bestimmen wie die bei uns angebauten Getreide-Arten. Diese werden häufig in den Bestimmungsübungen innerhalb des Praktikums ausgegeben und sollten daher nicht mehr in einem zur Abgabe gedachten Herbarium aufgeführt werden. Sollten sie jedoch nicht zur Übung vorgelegt werden, sind sie eine einfache Ergänzung des Herbariums, da auch die *Poaceae* häufig als obligate Familie in einem Herbarium enthalten sein müssen. Da sich die Objekte sehr gleichen und sich nur in wenigen Einzelheiten voneinander unterscheiden ist es ratsam, mehrere vollständige Pflanzen, d. h. auch die unterirdischen Teile, zu sammeln und die kleinen Blüten zu Hause vorsichtig mit dem Präparierbesteck zu zerlegen und mit Lupe oder Binokular zu untersuchen. So lassen sich auch die Merkmale der Blatthäutchen (Länge, Behaarung u. a.) leichter feststellen. Wenn man geübt ist und die entscheidenden Merkmale kennt, kann man das auch im Gelände durchführen. In den üblichen Bildbänden sind Gräser als wenig fotogene Objekte selten vertreten, hier kann der *Atlasband* (Bd. 3) von *Rothmaler* helfen oder spezielle Bände über Gräser, wie Sie sie im Buchhandel oder Internet finden. In diesen Bänden findet man nur Zeichnungen, aber dafür im Detail. Achten Sie außerdem immer auf den angegebenen Standort und die Blütezeit.

Da die *Poaceae* nicht den üblichen Blütenaufbau besitzen und nicht in der Aufsicht gepresst werden können, fällt das Pressen sehr leicht. Einzig die Blätter sollten so platziert werden, dass sie in der Aufsicht gepresst werden und somit guten Kontakt zu den Papierlagen erhalten. Die Pflanzen können bei hohem Druck getrocknet werden. Innerhalb einer Woche sind die meisten Süßgrasgewächse vollständig getrocknet. Um nicht in die Verlegenheit zu gelangen, ähnlich aussehende Süßgrasgewächse nochmals und dann im getrockneten Zustand zu bestimmen, sollten Sie die Pflanzen in der Presse mit Hinweiszetteln versehen und nach dem Trocknen die ähnlichen Exemplare strikt voneinander trennen. Im Nachfolgenden seien einige häufig anzutreffende *Poaceae* aufgelistet:

- Schilf – *Phragmites australis* (CAV.) TRIN. ex STEUD.,
- Einjähriges Rispengras – *Poa annua* L.,
- Wiesen-Rispengras – *Poa pratensis* L.,
- Mäusegerste – *Hordeum murinum* L.

Polygonaceae – Knöterichgewächse

Zur Familie der Knöterichgewächse zählen hauptsächlich unscheinbare Pflanzen, die entweder sehr kleine Blüten ausbilden oder Blüten von grüner bis grünlich-brauner Farbe besitzen und somit kaum auffallen. Selbst die verschiedenen Ampfer sind nur schwer als blühend zu erkennen, obwohl sie aufgrund ihrer Größe bei anderer Blütenfärbung direkt auffielen. Die Knöterichgewächse lassen sich gut in zwei Gruppen einteilen. Zur einen gehören die Ampfer (*Rumex*) mit relativ großen, rispigen Blütenständen, zur anderen die Knöteriche (*Polygonum* im alten Sinn) mit kleineren Blütenständen (5 – 10 cm) oder in den Blattachseln sitzenden Blüten. Aufgrund dieser morphologischen Unterschiede sind die beiden Gattungen auch beim Trocknen unterschiedlich zu behandeln.

Zunächst sollen die Ampfer betrachtet werden: Wie schon bei anderen Familien beschrieben, kann es je nach Dicke des Stängels notwendig sein, diesen der Länge nach zu halbieren, um ein besseres Ergebnis zu erhalten. Dabei ist natürlich zu beachten, dass so wenige Blüten wie möglich geschädigt werden, um das Erscheinungsbild der Pflanze natürlich wiederzugeben. Die Blätter können als grundständige Rosette ausgebildet oder mit einer Blattscheide (Ochrea) am Stängel befestigt sein. Für die Ampfer sollte ein mittlerer bis hoher Pressdruck gewählt werden. Die

Papierlagen sind täglich auszuwechseln, da sich durch die verbleibende Feuchte die Pflanze schnell bräunlich und damit unansehnlich verfärbt. Da es sich um größere Pflanzen mit zum Teil kräftiger gebauten Stängeln handelt, kann sich die Trocknung bis zu zwei Wochen hinziehen. Ist der Trocknungszustand fast erreicht, kann der Druck nochmals erhöht werden.

Die Knöteriche können ebenfalls bei hohen Druckverhältnissen gepresst werden. Es ist jedoch immer auf den Standort zu achten und dementsprechend der Austausch des Papiers zu verändern. Knöteriche, die an feuchteren Standorten gesammelt werden, sollten zweimal täglich mit neuen Papierlagen versorgt werden, an trockeneren Standorten gesammelte nur einmal täglich. Nach dem Standort richtet sich auch die Dauer der Trocknung, die zwischen einer und zwei Wochen variieren kann. Schrecken Sie nicht vor Knöterichen mit kleinen Blüten zurück. Meist befinden sich in den Blattachseln mehrere kleinere Blüten, von denen mindestens eine auch nach dem Trocknungsprozess gut zu erkennen ist. Wichtig sind die zu einer Röhre (Ochrea, Tute) verwachsenen Nebenblätter, die gut erkennbar sein müssen. Der Bestimmungsgang ist damit auch für denjenigen, der das Herbarium bewertet, eindeutig ersichtlich. Nachstehend sind typische *Polygonaceae* aufgelistet:

- Vogel-Knöterich – *Polygonum aviculare* L.,
- Schlangen-Knöterich – *Polygonum bistorta* L.,
- Wiesensauerampfer – *Rumex acetosa* L.,
- Kleiner Sauerampfer – *Rumex acetosella* L.,
- Krauser Ampfer – *Rumex crispus* L.

Die alte Gattung *Polygonum* ist von modernen Taxonomen in vier Gattungen aufgelöst worden. So heißt der Schlangenknöterich heute *Bistorta officinalis* DELARBRE.

Primulaceae – Primelgewächse

Primelgewächse sind, wie auch die Nelkengewächse, selten geworden. Daher steht eine Vielzahl unter Naturschutz und darf nicht gesammelt werden. Es gilt die Regel: anschauen, jedoch nicht pflücken.

Zu den bekanntesten geschützten *Primulaceae* gehören die arzneilich gegen Husten eingesetzte Große Schlüsselblume (*Primula elatior* [L.] HILL.) und Echte Schlüsselblume (*Primula veris* L.). Andere *Primulaceae* sind nicht unbedingt leichter zu entdecken, da auch ihre natürlichen Lebensräume immer kleiner werden und ihre Verbreitung somit schwieriger wird. Für das Sammeln und Trocknen eignen sich allenfalls das Pfennigkraut (*Lysimachia nummularia* L.) und die Gilbweideriche. Sie besitzen deutlich größere Blüten als z. B. die Salz-Bunge (*Samolus valerandi* L.) oder das Milchkraut (*Glaux maritima* L.), ein Umstand, der das Pressen um einiges vereinfacht und bessere Ergebnisse liefert. Die Blüten können gut in der Aufsicht präsentiert werden und sollten bei mittlerem Druck gepresst werden. Da die erwähnten Pflanzen meist an etwas feuchteren Standorten anzutreffen sind, sollten die Papierlagen in der ersten Woche zweimal täglich gewechselt werden. Ist der Trocknungsprozess sichtbar eingeleitet, reicht das einmalige tägliche Wechseln aus.

- Pfennigkraut – *Lysimachia nummularia* L.,
- Hain-Gilbweiderich – *Lysimachia nemorum* L.,
- Gewöhnlicher Gilbweiderich – *Lysimachia vulgaris* L.

Ranunculaceae – Hahnenfußgewächse

An Weg- und Straßenrändern, in Wiesen und Wäldern sind die verschiedenen Arten der Gattung der Hahnenfüße mit ihren fünf leuchtend gelben oder kräftig weißen Blütenblättern ebenso häufig anzutreffen wie das Buschwindröschen im Frühjahr. Wie schon bei anderen Gattungen beschrieben, ist es auch bei den Hahnenfußgewächsen äußerst wichtig, dass eine korrekte Bestimmung vor dem Trocknen durchgeführt wird. Natürlich muss eine Pflanze auch nach dem Trocknen einwandfrei identifiziert werden können, aber im frischen Zustand, ob im Gelände oder sofort zu Hause, lassen sich bestimmte Merkmale leichter feststellen, z. B. bei den Hahnenfüßen, ob der Blütenstiel gefurcht ist, ob die Kelchblätter zurückgeschlagen sind. Wegen des letzteren Merkmals müssen Sie wenigstens einige Blüten im Profil pressen. Es ist nicht schlecht, solche aufgefundenen Merkmale in der Kladde oder dem Notizzettel zu vermerken, um sie dann später auf dem Herbarbogenzettel aufzuführen zur leichteren Identifikation der gepressten Pflanze. Zur Bestimmung wichtig sind auch die Grundblätter (deshalb die Pflanzen tief im Boden abschneiden) und manchmal auch Früchte und die Behaarung des Blütenbodens, was man wieder besser zu Hause untersucht an einer zweiten Pflanze. Die Blätter sollten unbedingt am Stängel bleiben, da es manchmal auf die Reihenfolge ankommt (*Ranunculus auricomus agg.*). Ersparen Sie sich Arbeit und vor allem die verbleibende Unsicherheit, indem Sie die Objekte bereits im frischen Zustand identifizieren.

Das Pressen ist bei den *Ranunculaceae* dafür umso einfacher, da sich die Einzelblüten sehr gut in der Aufsicht darstellen lassen und sie ihre natürliche Blütenfarbe beibehalten. *Ranunculaceae* sind bei mittlerem bis hohem Druck zu pressen. Die Gattung Ranunculus verträgt hohe Druckverhältnisse, während das Buschwindröschen eher bei mittlerem Druck gepresst werden sollte.

In Abhängigkeit vom Standort sind die Trocknungszeiten verschieden. Das im eher feuchteren Auwald ansässige Buschwindröschen trocknet innerhalb von ca. zwei Wochen, wenn die Papierlagen in den ersten drei Tagen zweimal und danach einmal täglich gewechselt werden. Schon eine leichte Braunfärbung deutet auf Trocknungsfehler hin. Sollte sich das erste getrocknete Exemplar des Buschwindröschens bräunlich verfärben, versuchen

Sie es erneut unter Zuhilfenahme von Küchenpapier. Die Hahnenfüße bereiten dagegen keine Probleme, selbst wenn sie an feuchteren Standorten oder nach einem Regenguss gesammelt werden. Anhaftende Regentropfen sind mit einem Küchen- oder Löschpapier zu entfernen, und anschließend ist bei hohem Druck zu pressen. Dabei ist das Papier nur einmal täglich auszutauschen. Beim Wechsel der Papierlagen sollten Sie darauf achten, das Papier vorsichtig abzuziehen, da die Blüten vor allem im beginnenden Trocknungsprozess anhaften können und somit die Gefahr der Beschädigung der Blüte besteht. Auch in der Familie der *Ranunculaceae* befinden sich einige geschützte Pflanzen, so z. B. die gewöhnliche Küchenschelle (*Pulsatilla vulgaris* MILL.) oder das Frühlings-Adonisröschen (*Adonis vernalis* L.). Häufig anzutreffende *Ranunculaceae* sind:

- Busch-Windröschen – *Anemone nemorosa* L.,
- Scharbockskraut – *Ranunculus ficaria* L.,
- Scharfer Hahnenfuß – *Ranunculus acris* L.,
- Sumpfdotterblume – *Caltha palustris* L.

Resedaceae – Resedengewächse

Zwar bilden die natürlich anzutreffenden *Resedaceae* nur eine äußerst kleine Familie mit gerade einmal zwei Vertretern, doch sind sie aus diesem Grunde nützliche Ergänzungen in einem Herbarium, die außerdem einfach zu bestimmen sind. Anhand der Blattformen sind die beiden *Resedaceae*, der Färber-Wau (*Reseda luteola* L.) und der Gelbe Wau (*Reseda lutea* L.), gut zu unterscheiden. Während der Färber-Wau schmale, lanzettliche, ungeteilte und sitzende Blätter besitzt, sind die Blätter des Gelben Wau fiederteilig ausgebildet sind. Vor allem die Blattmerkmale erleichtern bei den Resedengewächsen die Bestimmung, da sie sich in Bezug auf ihren Blütenbau, ihre Blütezeit und ihren Standort sehr ähneln. Schneiden Sie die Pflanzen nicht zu weit unten ab, um zu große Exemplare und vor allem zu massive Stängel zu vermeiden und somit das Pressen zu erleichtern. Die durchgeführte Bestimmung ist so auch bei einer Bewertung des Herbariums für den Prüfer besser ersichtlich. Da die Blätter des Gelben Wau fiederteilig sind, ist darauf zu achten, dass sie sich nicht zusammenrollen oder überlappen. Nur so lassen sich Braunfärbungen und nicht korrekt dargestellte Blattmerkmale vermeiden. Die *Resedaceae* sind bei mittlerem bis hohem Druck zu trocknen. Das Papier ist in den ersten vier Tagen zweimal täglich zu wechseln, danach ist ein einmal täglicher Austausch vollkommen ausreichend. Überprüfen Sie den erreichten Trocknungszustand hauptsächlich an dem zu einer Traube ausgebildeten Blütenstand, da viele Blüten gleichzeitig blühen und zusätzlich schon einige Früchte am Stängel haften, welche die Trocknungszeit verlängern können.

Rosaceae – Rosengewächse

Rosengewächse sind weit verbreitet und fallen vor allem im Frühjahr und in den ersten Sommerwochen auf. Anhand der schönen und meist kräftig gefärbten fünf Kronblätter sowie der zahlreichen Staubblätter fällt die Zuordnung einer Pflanze zu dieser Familie sehr leicht. Sehr bekannt sind die Hundsrose (*Rosa canina* L.), deren Frucht die Hagebutte ist, oder der pharmazeutisch aufgrund seiner Procyanidine verwendete Weißdorn. Die *Rosaceae* sind in ihren Wuchs- bzw. Erscheinungsformen sehr unterschiedlich. Sie bilden strauchartige Pflanzen wie den Weißdorn, aber auch Bäume (Apfelbaum) und einfache krautartige Pflanzen (Fingerkräuter). Das Trocknungsverfahren wird der Pflanze entsprechend angepasst.

Sammeln Sie von Sträuchern und Bäumen junge Zweige bzw. junge Triebe mit gut ausgebildeten Blüten bzw. Blütenständen. Blütenstände, welche partiell beginnen zu verblühen, sollten nicht gesammelt werden, da sich die Kronblätter dieser Blüten entweder während des Transports oder während des Pressens ablösen und das Exemplar somit wertlos ist. Die Blüten der strauch- und baumartigen *Rosaceae* sind bei längerem Transport schwerer zu pressen, da sie sich relativ schnell schließen bzw. die Blütenblätter so zusammenrollen, dass selbst mit einer Pinzette der Ursprungszustand nicht unbedingt wiederherzustellen ist. Achten Sie weiterhin auf Stacheln und schützen Sie sich mit festeren Handschuhen. Beim eigentlichen Trocknungsvorgang muss die gesamte Blüte unbedingt Kontakt zu den verwendeten Papierlagen haben, damit sich die Blütenblätter nicht im Nachhinein noch zusammenrollen können bzw. vertrocknen. Das verwendete Papier muss in den ersten beiden, bei feuchten Witterungsbedingungen oder Standorten in den ersten drei Tagen zweimal täglich gewechselt werden. Bis zum Erreichen des endgültigen Trocknungszustandes ist dann das einmal tägliche Wechseln ausreichend. Zu den so zu behandelnden Rosengewächsen zählen:

- Vogelbeere oder Eberesche – *Sorbus aucuparia* L.,
- Brombeere – *Rubus fruticosus* agg.,
- Himbeere – *Rubus idaeus* L.,
- Eingriffeliger Weißdorn – *Crataegus monogyna* Jacq.

Das Trocknen der krautigen Vertreter der Rosengewächse ist relativ problemlos. Die Blütenblätter rollen sich weniger schnell ein. Jedoch sollten die Pflanzen während des Transportes obenauf liegen, um ein versehentliches Abreißen beim späteren Entnehmen aller Pflanzen zu vermeiden. In der Regel reicht ein einmal täglicher Wechsel der Papierlagen aus. Da die Blütenblätter dabei leicht abreißen können, sollte das Papier äußerst vorsichtig von den Pflanzen gelöst werden. Die Blätter sind einfach gebaut und müssen nicht besonders ausgerichtet werden, sie können ohne weitere Präparation in die Presse eingelegt werden. Spätestens nach zwei Wochen können die Rosengewächse aus der Presse genommen und auf den vorbereiteten Bögen fixiert werden. Folgende *Rosaceae* sind auch für Anfänger gut geeignet:

- Kriechendes Fingerkraut – *Potentilla reptans* L.,
- Gänse-Fingerkraut – *Potentilla anserina* L.,
- Wald-Erdbeere – *Fragaria vesca* L.,
- Gewöhnlicher Frauenmantel – *Alchemilla vulgaris* agg.
  (nur mit Spezialliteratur zu bestimmen, z. B. *Rothmaler* Bd. 4),
- Kleiner Wiesenknopf – *Sanguisorba minor* SCOP.

Rubiaceae – Rötegewächse

Die Bestimmung der häufigen Rötegewächse ist einfach, und nur selten kommt es zu einer Verwechslung infolge der Ähnlichkeit zweier Arten. Von anderen Familien lassen sie sich durch die quirlständig stehenden Blätter gut unterscheiden. Da die Blüten jedoch sehr klein sind, ist es nahezu unmöglich, die Charakteristik der Einzelblüte darzustellen. Wird das Herbarium bewertet, so sollten aber die rispigen bis scheindoldig-rispigen Blütenstände für den Begutachter deutlich zu erkennen sein.

Rubiaceae sind an verschiedenen Standorten anzutreffen. Bahndämme, aber auch Wiesen und Wälder und mitunter Uferränder sind ein idealer Platz für die Pflanzen. Es empfiehlt sich, die Exemplare nach einer mindestens zweitägigen Trockenperiode zu sammeln. In den ersten vier Tagen ist es unerlässlich, die Papierlagen zweimal täglich zu wechseln, da sämtliche Vertreter sehr schnell zur Braunfärbung neigen. Dafür ist die gesamte Trocknungsdauer mit anderthalb bis zwei Wochen sehr kurz. Leicht zu entdeckende und zu bestimmende Rötegewächse sind:

- Kletten-Labkraut – *Galium aparine* L.,
- Echtes Labkraut – *Galium verum* L.,
- Wiesen-Labkraut – *Galium mollugo* L. s. str.,

- Waldmeister – *Galium odoratum* (L.) Scop.

Saxifragaceae – Steinbrechgewächse

Die meisten Arten sind in den Alpen oder anderen Gebirgen Mitteleuropas heimisch. Da, von wenigen Ausnahmen abgesehen, alle Steinbrechgewächse unter Naturschutz stehen und der Bestand allgemein gefährdet ist, sollte vom Sammeln dieser Familie abgesehen werden. Einzige Ausnahme bilden die beiden Milzkräuter, die sich auch gut und somit eindeutig bestimmen lassen. Sie sind eine gute Ergänzung eines Herbariums. Da sie an feuchten Standorten stehen und zudem noch sehr klein sind, ist das Trocknen etwas schwieriger. Das Einhalten einer mindestens zweitägigen Trockenperiode ist sehr wichtig. Die beiden Arten sollten an Stellen gesammelt werden, die weniger feucht erscheinen. Beim Pressen ist darauf zu achten, dass die Papierlagen in den ersten drei Tagen zweimal täglich gewechselt werden müssen. Es kann notwendig sein, zusätzliche Lagen eines Küchenpapiers zu verwenden. Da die Blüten der Milzkräuter sehr klein und zudem doldig angeordnet sind, ist es nicht möglich, eine Einzelblüte so schön darzustellen, wie es z. B. beim Klatschmohn der Fall ist. Das Gesamtbild sollte trotzdem so gut es geht gezeigt werden. Knicken Sie vorsichtig einen Bereich der scheinbaren Dolde um und drücken Sie ihn sanft gegen das Papier. Danach legen Sie oder noch besser eine zweite Person eine weitere Papierlage auf die Pflanze. Nach ca. acht bis zwölf Tagen sind die Milzkräuter fertig getrocknet. So zu behandeln sind:

- Gegenblättriges Milzkraut – *Chrysosplenium oppostifolium* L.,
- Wechselblättriges Milzkraut – *Chrysosplenium alternifolium* L.

Geschützte Arten der *Saxifragaceae* sind z. B.:

- Mauerpfeffer-Steinbrech – *Saxifraga sedoides* L.,
- Blattloser Steinbrech – *Saxifraga aphylla* STERNB.

Scrophulariaceae – Braunwurzgewächse

Auch die Braunwurzgewächse werden wie die Liliengewächse heute in verschiedene Familien eingeteilt. So zählen die Ehrenpreis-Arten, die Leinkräuter und die Fingerhut-Arten zu den Wegerichgewächsen. Eine der bekanntesten Braunwurzgewächse ist der Fingerhut, der auch pharmazeutisch verwendet wird. Aufgrund der verschiedenen Blütenformen und Blütenstände gibt es mehrere Methoden, die *Scrophulariaceae* zu pressen.

Allein von den Ehrenpreisen (*Euphrasia*) wachsen mehrere Dutzend Arten in Deutschland und dem angrenzenden Ausland. Bei den Ehrenpreisen kann es leicht zu Verwechslungen kommen. Die Pflanze vor dem Pflücken zu bestimmen, ist meist kaum möglich. Bei diesen kleinen Pflanzen kommen Sie nicht umhin, die Pflanzen erst (vollständig mit Grundblättern) zu pflücken und dann zu bestimmen. Sammeln Sie nicht zu früh, wichtig zur Bestimmung sind die Früchte. Die Blüten haften in der Regel nur sehr locker am Stängel. Daher sind zwei Dinge besonders wichtig: erstens schon beim Pflücken sehr behutsam vorgehen und zweitens nach dem Sammeln zügig den Heimweg antreten. Sammeln Sie möglichst mehrere Exemplare, da viele Pflanzen nicht einmal die Strapazen des Sammelns heil überstehen. Beim Pressen ist die gleiche Vorsicht wie beim Sammeln geboten. Legen Sie die Pflanzen mit ihren traubigen Blütenständen auf eine Papierlage und bedecken Sie die Pflanzen schnell mit einer weiteren Lage Papier. Auch das Wechseln des Papiers sollte mit Sorgfalt erfolgen. Um die sehr kleinen und empfindlichen Blüten nicht übermäßig zu beanspruchen, sollte der Blattwechsel nur alle zwei Tage erfolgen. Die Blütenfarbe der meisten Ehrenpreise ist blau bis violett. Leider kann unter Umständen die sehr kräftige Färbung verschwinden. Die Ehrenpreise sind meist kleinere, krautige Pflanzen und können mitunter schon nach einer Woche getrocknet sein. Spätestens nach anderthalb Wochen ist der Pressvorgang abgeschlossen.

Am einfachsten zu pressen ist das gewöhnliche Leinkraut (*Linaria vulgaris* MILL.), auch Löwenmäulchen genannt. Es ist leicht am Straßen- oder Ackerrand zu finden. Das Pressen ist sehr einfach, wenn die Pflanzen nach einer ausreichenden Trockenperiode gesammelt werden. Leider ist wegen des dichten traubenförmigen Blütenstandes ein differenziertes Pressen der Einzelblüten nicht möglich. Das schadet dem Ergebnis jedoch nicht. Die Pflanzen können bei mittlerem bis hohem Druck gepresst werden. Die Papierlagen müssen in den ersten drei Tagen zweimal täglich gewechselt werden. Danach reicht es, das Papier einmal zu wechseln. Nach zwei Wochen sind die Exemplare getrocknet.

Ebenso leicht zu pressen sind die Pflanzen der Klappertopf-Arten (*Rhinanthus*), die heute zu den Sommerwurzgewächsen (*Orobanchaceae*) gehören und die leicht mit Pflanzen der Familie der *Lamiaceae* verwechselt werden können. Achten Sie darauf, die Blätter sorgfältig auszurichten und den Stängel etwas zwischen den Fingern oder mit Hilfe eines Messers zu verdünnen. Die Pflanzen können nun bei mittlerem Druck und zweimaligem Wechseln der Blattlagen gepresst werden. Das weitere Pressschema folgt dem des Leinkrauts.

Die eigentliche Schwierigkeit bei den *Scrophulariaceae* sind aber die Pflanzen mit großen, trichterförmigen Blüten, wie z. B. die Fingerhüte (*Digitalis*) oder die Pflanzen mit dicken Stängeln und dichten Blütenständen, wie die Königskerzen (*Verbascum*). Leider ist nur noch der rote Fingerhut (*Digitalis purpurea* L.) sammelbar, alle anderen sind geschützt.

Widmen wir uns zunächst dem Fingerhut: Um Vergiftungen in jedweder Form zu vermeiden, sei an Handschuhe erinnert. Der Stängel des Fingerhutes sollte der Länge nach geteilt werden. Dabei ist darauf zu achten, dass möglichst keine Blüten zerstört werden und der Schnitt den Stängel in zwei Teile gleicher Dicke teilt. Wie bei anderen langröhrigen Blüten empfiehlt sich ein Aufschneiden von extra gesammelten Einzelblüten. Nun sollte man die erhaltenen Teile bei unterschiedlichen Druckverhältnissen trocknen. Während die beiden Stängelhälften bei mittlerem bis hohem Druck gepresst werden, sind die Einzelblüten bei leichtem Druck zu pressen. Es kann sich als sinnvoll erweisen, die Einzelblüten zusätzlich noch zwischen Küchenpapier zu legen und sie dadurch besser zu schützen, da sie sehr empfindlich sind. Um das Trocknen zu beschleunigen, kann man den Stängel vorsichtig etwas aushöhlen. Die Blüten sollten ebenfalls zwischen Küchenpapier aufbewahrt werden.

Auch das Trocknungsintervall unterscheidet sich bei den Pflanzenteilen. Der Stängel sollte bei mittlerem bis hohem Druck gepresst werden. Das Papier ist in den ersten vier Tagen zweimal täglich zu wechseln. Anschließend reicht es, das Papier nur einmal bis zum Erreichen des Trocknungszustandes, der zwei bis drei Wochen dauern kann, zu wechseln. Die Einzelblüte muss bei leichtem bis mittlerem Druck gepresst werden. Es reicht der einmalig tägliche Austausch der Blätter. Achten Sie beim Wechseln des Papiers auf die empfindlichen Blüten. Nach ca. einer Woche sind die Blüten getrocknet. Denken Sie daran, die Einzelblüten beim Einlegen in die Presse zu beschriften.

Es verbleiben die Königskerzen (*Verbascum*). Königskerzen sollten nach einer länger andauernden Trockenperiode (mindestens vier Tage) gesammelt werden. Bei den meisten Königskerzen ist es wie schon beim Fingerhut sinnvoll, den Stängel zu halbieren. Das Pressschema sollte dem des Fingerhuts folgen.

Achten Sie beim Wechseln der Papierlagen darauf, diese sehr vorsichtig zu lösen, da sich ansonsten die Blüten vom Stängel lösen und nicht mehr zu verwenden sind. Nach zwei bis drei Wochen sollten die gesammelten Exemplare vollständig getrocknet sein. So lassen sich folgende Nachtkerzen pressen:

- Mehlige Königskerze – *Verbascum lychnitis* L.,
- Schwarze Königskerze – *Verbascum nigrum* L.

Bitte beachten Sie, dass es innerhalb dieser Familie auch einige geschützte Pflanzen gibt.

Solanaceae – Nachtschattengewächse

Eine herausragende Eigenschaft der Nachtschattengewächse ist ihre Giftigkeit. Auch der Pflanzensaft bzw. zerdrückte Beeren enthalten Alkaloide! Aus Sicherheitsgründen sollten beim Sammeln und auch beim anschließenden Pressen Handschuhe getragen werden. Die Giftigkeit verbietet es auch, Bestandteile der Pflanzen – aus welchem Grunde auch immer – zu probieren. So sind interessanterweise vor allem die unreifen Früchte der Nachtschatten (*Solanum dulcamara* L., *S. luteum* MILL. *und S. nigrum* L. *emend.* MILL.) die giftigsten Pflanzenteile. Auch die anderen Vertreter klingen wie das »who is who« der Hexenküche.

Aus der Erfahrung heraus empfiehlt es sich, vor dem Sammeln eine mindestens zweitägige Trockenperiode abzuwarten. Einige Nachtschattengewächse können eine beträchtliche Menge Wasser aufnehmen und so das Trocknen erschweren. Die Feuchte bedingt auch, dass leicht Braunfärbung oder Schimmelbildung auftreten können. Die Blütenform der meisten Nachtschattengewächse bereitet dem Sammelnden einige Probleme. Zum einen können sich die kelchförmigen Blüten relativ schnell schließen und zum anderen ist das Pressen dieser Blütenform sehr schwierig. Es empfiehlt sich daher, die Vertreter der *Solanaceae* gegen Ende einer Exkursion zu sammeln. Weiterhin muss der schon bei den Araceae angewandte Vorgang wiederholt werden: Die kelch- bzw. trichterförmige Blüte muss senkrecht von den Blütenblättern bis zum Blütenboden aufgeschnitten und anschließend vorsichtig entrollt werden. Nur so lässt sich die Blüte in ihrer gesamten

Charakteristik darstellen. Ich rate dazu, sowohl eine am Stängel befindliche Blüte als auch eine gesonderte Einzelblüte zu pressen. Sollte eine Blüte nicht gelingen, hat man immer noch die jeweils andere in Reserve.

Folgende Nachtschattengewächse lassen sich nach diesem Schema mit guten Ergebnissen pressen:

- Tollkirsche – *Atropa bella-donna* L.,
- Schwarzes Bilsenkraut – *Hyoscyamus niger* L.,
- Stechapfel – *Datura stramonium* L.

Die Blüten anderer Nachtschattengewächse sind eher glockenförmig und wären daher einfacher zu trocknen, wenn die Blüten nicht so klein, bzw. so empfindlich wären. Zum Glück bilden diese Vertreter aber mehrere Blüten z. T. rispige Blütenstände aus. Somit reicht es dann beim Einlegen in die Pflanzenpresse aus, zwei oder drei Blüten sanft auf das Papier zu drücken und sie dann schnell mit einer neuen Lage Papier zu bedecken. So zu behandelnde *Solanaceae* sind:

- Bittersüßer Nachtschatten – *Solanum dulcamara* L.,
- Schwarzer Nachtschatten – *Solanum nigrum* L. *emend.* MILL.,
- Kartoffel – *Solanum tuberosum* L. (Kulturpflanze),
- Tomate – *Solanum lycopersicum* L. (Kulturpflanze).

An den ersten drei Tagen sollten die Papierlagen einmal täglich mit äußerster Vorsicht gewechselt werden. Denken Sie daran, dass die Blüten sehr empfindlich sind und unter Umständen am Zeitungspapier haften können. Man sollte also ein Messer zur Hand haben, um die Blüte mit der Messerspitze behutsam zu lösen. Im weiteren Verlauf des Pressvorgangs reicht es, wenn man die Zeitungslagen alle zwei Tage wechselt. Nach ca. zwei Wochen ist der Pressvorgang abgeschlossen. Nachtschattengewächse sind vor allem in pharmazeutisch ausgerichteten Herbarien eine wichtige Familie und sollten zumindest mit einem Exemplar vertreten sein.

Valerianaceae – Baldriangewächse

Eine der bekanntesten Arzneipflanzen ist der Arznei-Baldrian (*Valeriana officinalis* agg.) aus der Familie der *Valerianaceae*, der für seine beruhigende und schlaffördernde Wirkung geschätzt wird. Vor allem für pharmazeutisch ausgerichtete Herbarien ist diese Pflanze nahezu ein Muss. Durch leichtes Reiben an den Blättern wird der charakteristische Geruch entfaltet und vereinfacht so die Bestimmung. Man findet ihn leicht in der Nähe von Flüssen oder anderen feuchteren Standorten, z. B. am Rande von Laubwäldern. Das erklärt dann auch die Schwierigkeit beim Pressen. Es müssen mittlere Druckverhältnisse gewählt werden. Sowohl bei einem zu hohen als auch bei einem zu niedrigen Druck neigen die Pflanzen zur Braunfärbung. Weiterhin soll eine zweitägige Trockenperiode abgewartet werden, bevor man die Pflanze sammelt. In den ersten drei Tagen empfiehlt es sich, das Papier zweimal täglich zu wechseln. Seien Sie vorsichtig beim Austausch, da die in Scheindolden stehenden Blüten sehr empfindlich sind und sich leicht lösen können. Da die Pflanze sehr groß ist, müssen Sie sie zum Trocknen teilen. Dabei zeigt sich der Vorteil großer Herbarbogen (DIN A3), denn auf diesem Format lässt sich auch eine so große Pflanze in drei Teilen montieren. Wichtig ist, dass Sie die Pflanze vollständig, d. h. mit den unterirdischen Teilen (Ausläufer!) sammeln, auch wenn das beim Trocknen Schwierigkeiten bereitet. Von den Blättern müssen Ober- und Unterseite sichtbar sein, da es auf die Behaarung ankommt. Für das Trocknen der Blätter ist eine gesonderte Papierlage (entsprechende Kennzeichnung nicht vergessen!) empfehlenswert, beim Pressen können sie hohen Druckverhältnissen ausgesetzt werden.

Die Vorgehensweise ist für folgende Vertreter aus der Familie der *Valerianaceae* anwendbar:

- Rote Spornblume – *Centranthus ruber* (L.) Dc,
- Sumpf-Baldrian – *Valeriana dioica* L.

Information zu geschützten oder schützenswerten Pflanzen

Die in Deutschland geschützten Pflanzen, die weder innerhalb noch außerhalb eines Naturschutzgebietes gesammelt oder auch nur gepflückt werden sollten, können Sie als Liste in der Flora von Schmeil/Fitschen nachschlagen. Die geschützten Pflanzen sind außerdem in den Schlüsseln der Bestimmungsbücher sehr deutlich gekennzeichnet. Zudem gibt es eine Reihe kleiner Bildbände, die speziell geschützten Pflanzen gewidmet sind.

Auch das Internet bietet eine Fülle von Informationen über geschützte Pflanzen. Empfehlenswert sind z. B. die Internetseiten des Bundesamtes für Naturschutz, http://www.wisia.de (Wissenschaftliches Informationssystem zum Internationalen Artenschutz) und http://www.floraweb.de. Die Datenbanken enthalten auch zahlreiche Abbildungen. In den Veröffentlichungen des Bundesamtes für Naturschutz sind Rote Listen erschienen, die nicht nur die geschützten, sondern auch die gefährdeten Pflanzen aufführen.

Nützliche Internet-Adressen

Bundesministerium für Umwelt,
    Naturschutz und Reaktorsicherheit
    www.bmu.de

Bundesamt für Naturschutz
    www.bfn.de

Artenschutzdatenbank des Bundesamt für Naturschutz
    www.wisia.de
    www.floraweb.de

Umweltbundesamt
    www.umweltbundesamt.de

Umweltstiftung WWF Deutschland
    www.wwf.de

Universitätsbibliothek Johann Christian Senckenberg,
Frankfurt/M., betreut die Sondersammelgebiete (Allgemeine)
Biologie, Botanik, Zoologie
    www.ub.uni-frankfurt.de/ssg/botanik.html
Ausführliche Liste von Internetquellen zum Thema „Biologie"
    http://www.ub.uni-frankfurt.de/webmania/webbio.html